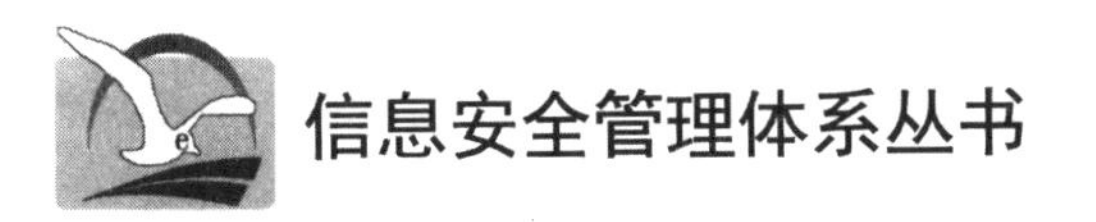

信息安全管理体系实施案例及文件集

（第2版）

胡军锋◎主审

王齐峰　谢宗晓◎主编

中国质量标准出版传媒有限公司
中　国　标　准　出　版　社

北　京

图书在版编目(CIP)数据

信息安全管理体系实施案例及文件集 / 王齐峰，谢宗晓主编 . —2 版 . —北京：中国质量标准出版传媒有限公司，2023.10

ISBN 978 - 7 - 5026 - 5217 - 3

Ⅰ.①信… Ⅱ.①王… ②谢… Ⅲ.①信息系统-安全管理-体系-中国 Ⅳ.①TP309

中国国家版本馆 CIP 数据核字（2023）第 186510 号

中国质量标准出版传媒有限公司
中　国　标　准　出　版　社　出版发行

北京市朝阳区和平里西街甲 2 号（100029）
北京市西城区三里河北街 16 号（100045）

网址：www. spc. net. cn
总编室：(010) 68533533　发行中心：(010) 51780238
读者服务部：(010) 68523946

中国标准出版社秦皇岛印刷厂印刷
各地新华书店经销

*

开本 787×1092　1/16　印张 17.5　字数 365 千字
2023 年 10 月第二版　　2023 年 10 月第四次印刷

*

定价 75.00 元

本书编委会

主　审： 胡军锋

主　编： 王齐峰　谢宗晓

副主编： 董亚南　张旭刚　李松涛　隆　峰　雎修勇
黄一飞　魏苗苗

编　委（按姓名笔画排序）：

王仲实　王丽娜　王佳成　王　峻　王晶晶
史佳涵　刘雨晨　任　敬　闫　谨　汤志刚
李北川　李　伟　宋　宁　张　开　张　伟
张　瑜　陆绍益　金　明　姜　强　贾　欣
高　扬　韩　笑　霍远军

第1版前言

本书的主要目的是通过完整的案例向读者介绍信息安全管理体系（Information Security Management System，ISMS）是如何在一个组织中进行应用的。

GB/T 22080—2008《信息技术　安全技术　信息安全管理体系　要求》（ISO/IEC 27001：2005，IDT）的正式发布，毫无疑问会使ISMS在国内的推广应用上一个新的台阶。该标准的第4、5、6、7、8章建立了信息安全管理体系的框架，附录A直接引用GB/T 22081—2008《信息技术　安全技术　信息安全管理实用规则》（ISO/IEC 27002：2005，IDT）并与其保持一致，其中给出了11个安全域、39个控制目标、133项控制措施。正如标准所述：本标准为实施OECD指南中规定的风险评估、安全设计和实施、安全管理和再评估提供了一个强健的模型。事实上，ISMS目前已是业界所公认的信息安全最佳实践之一。

作为“最佳实践”之一，高深的理论基础并不是标准所关注的，推广、应用、实践、落地才是ISMS的关键之处。因此，本书中的篇幅也一样淡化理论上的讨论，而是直指“实践”本身。

如何才能使读者更好地理解ISMS呢？显然，用理论解释理论肯定无济于事。最好的办法就是举例子，用例子为读者描述一个活生生的ISMS，因此，本书从案例介绍开始，然后用很短的篇幅介绍了实施的过程，剩余篇幅为读者描述了e-BookStore建立起来的ISMS，这其中包括大部分的文件和记录模板。

e-BookStore的案例是虚拟的，在《信息安全风险评估　概念、方法和实践》及《信息安全管理体系应用手册——ISO/IEC 27001标准解读及应用模板》等书中已被引用，在本书中也保持了一贯的连续性。我们在设计过程中，尽量使e-BookStore行业特征弱化，从而能够保证案例和GB/T 22080—2008标准本身一样：适用于所有类型的组织（例如，商业企业、政府机构、非赢利组织）。

本书在成文过程中经历数次改动，这不仅使本书更为结构化，更重要的是使读者更容易理解ISMS文件体系。

感谢中国标准出版社的张宁主任，张主任从读者角度提出了很多宝贵的意见，其中包括减少空洞理论的讨论、提供更多实用的模板。感谢王西林和曹剑锋编辑在审稿过程中给出的有益建议。

本书成文仓促，错误在所难免，恳请读者批评指正。

编　者

2010年4月于北京

第2版前言

在ISO/IEC 27000标准族中，最主要的两个标准是ISO/IEC 27001：2013和ISO/IEC 27002：2013。在我们的“信息安全管理体系丛书”中，《信息安全管理体系实施指南》主要讲述信息安全管理体系的架构设计以及基本实施步骤，所以主要依据ISO/IEC 27001：2013和ISO/IEC 27003：2017。《信息安全管理体系实施案例》重点讨论具体控制措施的实施，主要依据ISO/IEC 27002：2013和ISO/IEC 27003：2017。

《信息安全管理体系实施案例》依据的标准是GB/T 22081—2008 / ISO/IEC 27002：2005，显然，标准改版了，我们也得随之更新，而且这次改版变动是比较大的一次。

2016年8月29日正式发布了GB/T 22080—2016，并在2017年3月1日正式实施。因此，我们将《信息安全管理体系实施案例》等升级为最新版的标准。这是此次改版最重要的原因。

《信息安全管理体系实施案例及文件集》在2010年出版，我们将之后的相关书籍统一编入了“信息安全管理体系丛书”。由于时间的先后顺序，我们尽量使《信息安全管理体系实施案例》与《信息安全管理体系实施案例及文件集》形成互补。但是，还是很多地方有重复，有些地方则有遗漏。因此，这次的改版考虑到一本书确实难以覆盖所有的控制点，我们还是沿用了原来两本书的篇幅，尽量使两者能够相互补充，也能够相互独立阅读。改版后，《信息安全管理体系实施案例（第2版）》与《信息安全管理体系实施案例及文件集（第2版）》两者的关注点区别如下：

——《信息安全管理体系实施案例（第2版）》结合ISO/IEC 27002：2013和ISO/IEC 27003：2017，主要关注控制的设计，以及实施的指导；

——《信息安全管理体系实施案例及文件集（第2版）》结合ISO/IEC 27002：2013，主要关注文件编写，以及相应的文件示例，以突出文件集的特点。

最后，再次感谢读者找出的诸多谬误以及给出的各种意见。欢迎批评指正。

编　者

2023年8月于北京

目 录

contents

Zero

0 案例介绍

大都商业银行（DaDu Comercial Bank，D^2CB）是一个虚拟的银行组织，在本书中均以此组织为案例介绍部署信息安全管理体系（Information Security Management System，ISMS）的完整过程。

在本书中不再对ISMS及其相关标准做介绍，若需深入了解，可以参考本丛书的《信息安全管理体系实施指南（第2版）》《信息安全管理体系实施案例（第2版）》，以及《信息安全管理体系审核指南》。

《信息安全管理体系实施指南（第2版）》对GB/T 22080—2016/ISO/IEC 27001：2013进行了详细解读，《信息安全管理体系实施案例（第2版）》给出了ISMS实施指南和实施案例，对如何在一个组织中部署ISMS进行了指导。《信息安全管理体系审核指南》介绍了信息安全管理体系审核的相关概念和方法。

此外，本书的附录对目前ISMS系列标准的研发进展情况进行了介绍。

0.1 概述

大都商业银行成立于1997年，总部设于北京，是具有独立法人资格的全国性股份制商业银行[1]，1999年完成股份制改造，2000年A股股票（6000××）在上海证券交易所挂牌上市。

截至2020年三季度末，大都商业银行总资产达到31900.12亿元，存款总额26330.07亿元，贷款和垫款总额11317.29亿元，实现净利润420.15亿元，不良贷款率0.61%。目前已经设立了31家一级分行、23家二级分行，营业网点总数达到820家，全球共有员工46030人。

---

〔1〕 国内的银行业金融机构主要分为：大型商业银行（包括中国工商银行、中国农业银行、中国银行、中国建设银行、交通银行和中国邮政储蓄银行）、股份制商业银行（例如，光大银行、广东发展银行和华夏银行等）、城市商业银行（例如本案例中的大都商业银行）、农村金融机构（包括农村商业银行、农村合作银行、农村信用社和新型农村机构）和其他类金融机构（包括政策性银行及国家开发银行、民营银行、外资银行、非银行金融机构、金融资产投资公司）。这种分类法与银行的规模并没有必然的联系，而且经过股份制改革，现在的银行基本都是股份制了，包括已经上市的城市商业银行。

本段资料参考：

中国银行保险监督管理委员会官方网站统计数据栏目，可查看《2020年银行业总资产、总负债（月度）》全文，http：//www.cbirc.gov.cn/cn/view/pages/index/index.html，末次登录时间2020年12月31日16：40。

D)大都商行是大都商业银行目前使用的 logo。其组织架构如图 0－1 所示，因银行业金融机构组织架构大体相同，本书中不再对部门职责详细列出。

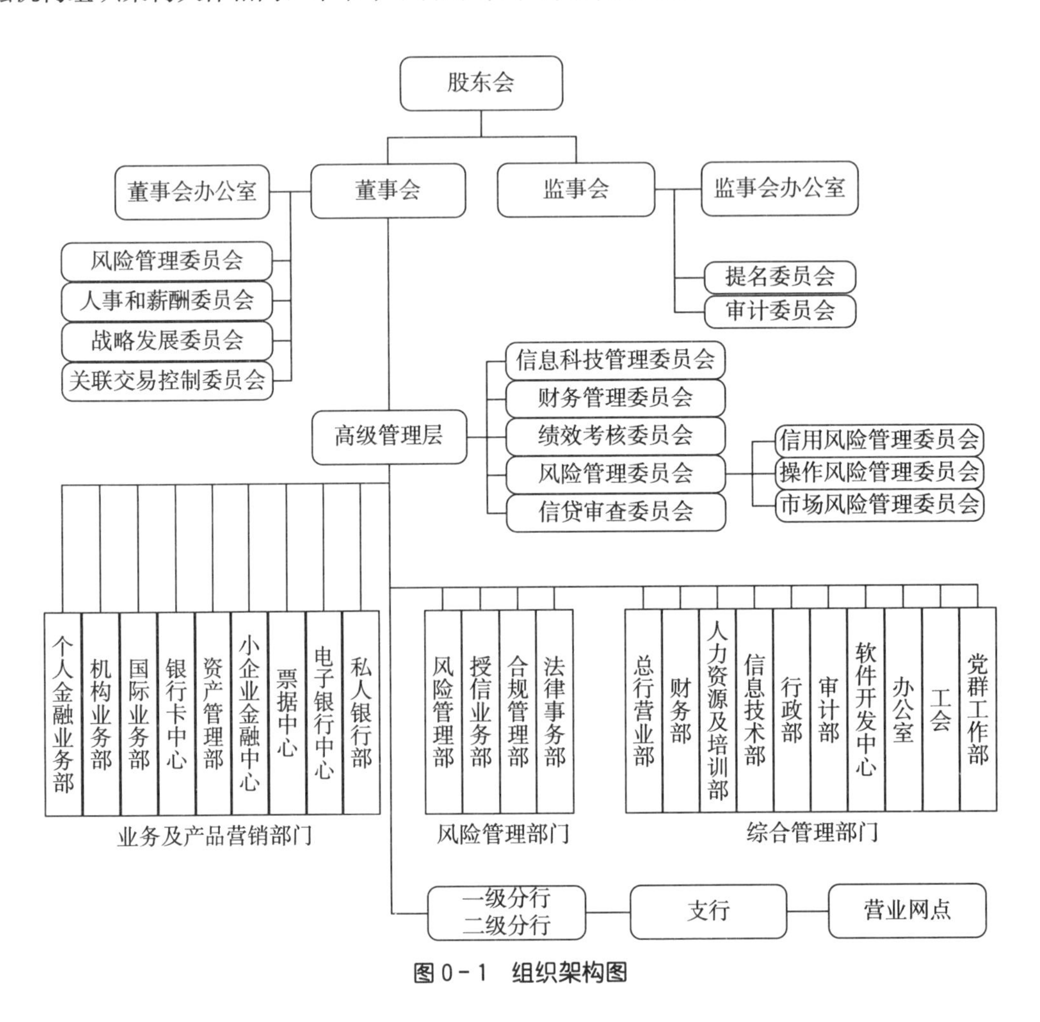

图 0－1　组织架构图

0.2　实施 ISMS 的背景

面对国内外银行安全事件频发，国内银行业金融机构监管日趋严格的形势，目前大都商业银行的信息安全控制相对比较薄弱，而银行对业务连续性、数据完整性等内容要求又极高，需要尽快建立基本的框架，防止有过度薄弱的环节。而且虽然 ISMS 是推荐性标准，但是以目前发展的趋势，ISMS 会与 ISO 9000 一起，成为企业管理的基础标准之一。

鉴于以上原因，经总经理办公会评估决定按照“分阶段实施，逐步推进”的思路，在信息安全要求高的部门即软件开发中心和信息技术部实施 ISMS 认证，作为试点，之后逐步推进，分批进行，直至全行范围。

0.3　与标准部署密切相关人员及介绍

根据ISMS实施的范围，在大都商业银行组织架构中，与信息安全管理体系GB/T 22080—2016/ISO/IEC 27001：2013[2]部署密切相关的人员及其介绍见表0-1。

表0-1　与标准部署密切相关人员及介绍

负责人	角色介绍
谢远芳	行长
柴璐	副行长，分管总行的信息科技工作
刘颖一	信息技术部总经理，信息技术部向各业务部门提供的IT基础设施运维服务和应用系统运维支持服务
文英	信息技术部副总经理，分管信息安全工作
闫芳瑞	信息安全主管，是信息安全的直接负责人
张溪若	软件开发中心主任，软件开发中心是比较独立的单位，与业务及产品营销部门关系类似于甲方和乙方的关系，一般由业务及产品营销部门提出需求，软件开发中心来实现，这其中也可能包括了外包和采购
赵已	软件开发中心工作人员，借调至总行信息技术部负责ISMS项目
宋新雨	软件开发中心工作人员，借调至总行信息技术部负责ISMS项目

由于行内人员紧缺，工作量偏重，大都商业银行选择求助于专业的咨询公司，为了更好地指导组织自行部署ISMS，因此在本案例中尽量减少咨询公司的作用，也不再细致描述咨询团队。

注意：本案例可以裁剪或扩充应用至所有规模和所有类型的组织。因此在本书的描述过程中尽量不涉及与银行相关的业务内容，与业务过程联系紧密的信息安全控制将在“信息安全管理体系丛书”的《信息安全管理体系在金融系统的应用指南》中详细讨论。

[2] 关于这个标准及其详细解读，请参考本丛书的《信息安全管理体系实施指南（第2版）》。

1 实施流程

1.1 启动项目

采纳 ISMS 是大都商业银行的一项战略性决策，不仅能提升信息安全管理水平，对组织的整个管理水平也会有很大的提升。

1.1.1 定义初始目标与范围

ISMS 的目标直接影响着 ISMS 的设计和实施，这些目标可能包括：

- 保证大都商业银行的业务连续性；
- 提高大都商业银行重要业务系统的灾难恢复能力；
- 提高信息安全事件的防范和处理能力；
- 促进与法律、法规、标准和政策的符合性；
- 保护信息资产；
- 使信息安全能够进行测量与度量；
- 降低信息安全控制措施的成本；
- 提高信息安全风险管理的水平。

由于实施 ISMS 的复杂度与范围大小紧密相关，因此在定义了初始目标之后，应圈定初始的范围，以请示领导。

1.1.2 获得管理者正式批准

管理者的支持是项目成败的最关键要素之一，这些支持可能包括：

- 为 ISMS 实施分配独立的预算；
- 批准和监督 ISMS 实施；
- 安排充分的 ISMS 的实施资源；
- 把 ISMS 实施和业务进行充分的结合；
- 促进各部门对于信息安全问题的沟通；
- 处理和评审残余风险。

项目的启动应该得到管理者正式的书面认可。

1.1.3 确定推进责任人

在指定ISMS推进责任人时，最重要的考虑是：

- 保证ISMS的协调和最终责任人在高层（通常是主管信息化工作的行领导）；
- 指定ISMS推进的直接责任人为中层领导（通常是信息化主管部门领导）；
- 由信息安全主管人员具体负责ISMS的推进过程；
- 每一个员工/外包人员都要在其工作场所和环境下，承担相应的责任。

在推进过程中，不但要涉及相关的责任人，还可能涉及其他角色。

具体角色的安排请参见文件编写中的“信息安全管理体系职责”。

1.1.4 召开项目启动会议

管理者的支持还应包括对员工思想上的动员，思想上的动员可以采取召开项目启动会议的方式完成。

会议应清晰地向员工阐述：

- 通过举例子的方式阐述ISMS对本组织而言的重要性；
- 项目所涉及的初始范围及相关部门。

1.2 定义ISMS范围

实施ISMS的工作量与ISMS界定的范围大小密切相关，因此，ISMS的范围和边界必须合理地加以定义。

1.2.1 定义责任范围

可以通过调研组织的管理结构、部门设置和岗位责任等，界定ISMS的责任边界。实施这个步骤时，需要考虑：

- 受到影响的不仅有内部相关部门，还可能有外部相关方；
- 负责ISMS的领导应基本上与受影响范围的负责人是一致的，如果信息系统的责任部门不止一个，那么则应该由更高一层的领导来负责协调；
- 定义的范围，必须能够在该范围内实现ISMS的PDCA循环。

1.2.2 定义物理范围

物理边界的定义包括识别应属于ISMS范围的组织内的建筑物、场所或设施等。

处理跨越物理边界的信息系统是很复杂的，这可能包含：

- 移动访问；
- 远程设施；
- 签署的第三方服务；
- 无线网络。

这些问题应通过定义适当的界面和服务层次加以解决。

1.2.3 完成范围概要文件

在定义ISMS范围的时候，这些范围和边界可以以不同的方法合并在一起。例如：物理场所（如建筑物、数据中心或办公室）和这个物理场所的关键流程应并入该范围内。信息系统的移动访问就是一个例子。

描述ISMS范围和边界的文件，应包括以下信息：

- 业务特性；
- 关键业务过程列表；
- 组织结构文件；
- 场所和楼层位置图；
- 网络拓扑；
- 设备部署；
- 处理的信息资产；
- 对ISMS范围的删减的合理性说明。

范围概要文件请参见本书中的“信息安全策略”（或“信息安全管理手册”）。

1.3 确立ISMS方针[3]

信息安全方针是组织总体策略的一部分，是保护敏感、重要或有价值的信息所应该遵守的基本原则。

1.3.1 制定ISMS方针

制定ISMS方针的过程如下：

a） 根据行业的业务要求，建立ISMS的目标；

b） 确定实现ISMS目标的工作重点；

c） 考虑业务要求、法律、法规和政策要求的安全义务；

d） 确定风险评价的准则；

e） 建立风险评估的框架；

f） 阐明高层领导的责任，以确保信息安全管理的需要；

g） 获得管理者的批准。

---

〔3〕 在ISO/IEC 27001：2005附录中的policy与正文保持一致，在ISO/IEC 27001：2013正文中的policy和附录中的policies不是一回事。针对这个问题，我们将policy译为“方针”，将附录中的policies译为“策略”。policy译为方针源自ISO 9000，又被沿用到GB/T 22080—2008/ISO/IEC 27001：2005，是个翻译非常精确的词，因为英文中policy可大可小，方针或策略都行，但是汉语中却不如此。

由于英文中的policy涵义广泛，因此中文翻译比较混乱。例如，在GB/T 23694—2013/ISO Guide 73：2009中，management policy译为“管理政策”。在管理学文献中，很常见的是信息安全策略遵守/违反，information security policy compliance/violation。

1.3.2 准备 ISMS 策略文件

ISMS 策略文件应至少包括下面这些内容：

- 信息安全的总体目标、方向和原则；
- 明确的 ISMS 的目标，该目标应在初始目标的基础上确定；
- 为实现 ISMS 的目标所建立的框架，包括组织框架和各种信息安全活动的框架；
- 风险评估和风险处理的框架；
- 风险评价的准则以及接受风险的准则；
- 特别重要的安全方针策略、原则、标准和符合性要求的简要说明，可包括：
  - 符合法律、法规和政策要求；
  - 安全教育、培训和意识要求；
  - 业务连续性管理；
  - 信息安全事件处理。

ISMS 策略文件应该易于理解，并及时传达给 ISMS 范围内的所有用户。

详细的文件示例，请参见“信息安全策略”。

1.4 进行业务分析

在管理者已经批准实施 ISMS，并定义了 ISMS 的范围和 ISMS 策略之后，需要进行业务分析，以确定组织的安全要求。

1.4.1 定义基本安全要求

在本步骤中，为了阐明 ISMS 信息安全要求，应：

a） 确认组织的信息安全目标，并识别所确认的目标对未来信息处理要求的影响；

b） 识别 ISMS 范围内的主要业务、流程和功能；

c） 识别当前应用系统、通信网络、活动场所和 IT 资源等；

d） 识别关键信息资产及其在保密性、完整性和可用性方面的保护；

e） 识别所有基本要求（例如法律、法规、政策、标准、业务要求、行业规范、供应商协议、保险条件等）。

1.4.2 建立信息资产清单

资产清单的建立，可以用不同的方法来完成。

一种方法是按照资产分类识别并进行统计的方法，即遵循信息分类方案，然后统计 ISMS 范围的所有资产，插入到资产列表中。采用这种方法时，重点是识别“信息”，因为，传统意义上的资产一般都已经有清单。这种方法比较简便，但是不容易和业务进行紧密结合。

另一个供选择的方法是把业务流程分解成组件，并由此识别出与之联系的关键资产，按照这个过程产生资产列表。如果业务流程具有一定的复杂性，那么分解业务流程可能会比较困难。虽然这个方法实施比较困难，但是识别资产的过程，本身就是与业务紧密结合的过程，也是本标准所推荐的。

在识别资产的过程中，可以将两种方法结合使用。

详细请参考本书2.5.2“信息资产表（记录）”。

1.5 评估安全风险

风险评估是实施ISMS过程中重要的一部分，后续整个体系的设计和实施都把风险评估的结果作为依据之一。

1.5.1 确定风险评估方法

风险评估有不同的方法，在选择时应该考虑：

- 法律、法规、政策和标准要求；
- 行业的特殊业务要求；
- 组织的ISMS范围和边界；
- 风险评估方法应与风险接受准则和组织相关目标相一致，并能产生可再现的结果；
- 风险评估应包括估计风险大小的系统方法（风险分析），将估计的风险与风险准则加以比较以确定风险严重性的过程（风险评价）；
- 风险评估的结果应能识别、量化和区分风险的优先次序，用以指导确定适当的管理措施及其优先级。

风险评估的具体步骤至少应该涵盖：

- 识别ISMS范围内的资产（A，Asset）；
- 识别资产所面临的威胁（T，Threat）；
- 识别可能被威胁利用的脆弱性（V，Vulnerability）；
- 识别目前的控制措施（C，Control）；
- 评估由主要威胁和脆弱性导致安全失误的可能性（L，Likelihood）；
- 评估丧失保密性、完整性和可用性可能对资产造成的影响（I，Impact）。

1.5.2 实施风险评估

按确定的风险评估方法进行风险评估时，应定义清晰的范围，该范围与ISMS的范围应保持一致。

风险评估的参与人员不但要包括信息安全方面的专家，也应该包括业务方面的专家。为了更客观地实施风险评估，在允许的情况下，可以考虑聘请外部专家。

关于风险评估和风险处理的详细介绍，请参考本书的第2章“风险管理”。

1.6 处置安全风险

1.6.1 确定风险处置方式

对于识别出的风险应予以处置，可采用以下方式：

- 风险处理，即采用适当的控制措施来降低风险；
- 风险转移，将相关业务风险转移到其他方，如：保险，供应商等；
- 风险规避，在可能的情况下，避免某些特殊的风险；
- 风险接受，在明显满足组织方针策略和接受风险的准则的条件下，有意识地、客观地接受风险。

1.6.2 选择控制措施

应选择和实施控制措施以满足组织的安全要求，选择控制措施时应考虑以下因素：

- 组织的目标；
- 法律、法规、政策和标准的要求和约束；
- 信息系统运行要求和约束；
- 成本效益分析。

控制措施的选择应记录在适用性声明文件中。

1.7 设计

在经过了上述各个阶段之后，就进入到体系的设计阶段。

1.7.1 设计安全组织机构

应按照组织的业务特点设计信息安全组织机构，一般包括：信息安全决策层、信息安全管理层、信息安全执行层等，详细内容请参见“信息安全管理体系职责”。

1.7.2 设计文件和记录控制要求

1.7.2.1 文件控制要求

详细请参考“文件控制程序”。

1.7.2.2 记录控制要求

详细请参考“记录控制程序”。

1.7.3 设计信息安全培训

为了能够有效执行安全控制措施，员工应：

- 具备必要的基本技能和实践实施技能；
- 具备安全管理机制的设计和运作的知识；
- 理解安全控制措施和目标。

如果员工新入职或调换了工作岗位，那么他们应该接受全面的培训以便能迅速地了解并适应新的工作环境，这应该包括信息安全方面的培训。同样，如果员工离职或者调离了原来的工作岗位，那么应了解相应的安全控制措施（例如，撤消授权、归还钥匙和ID卡）。

教育和培训的教材应包括以下内容：

- ISMS 范围和边界；
- ISMS 策略；
- 风险评估结果；
- 适用性声明，包括控制目标和已选择的控制措施；
- 风险处理计划；
- ISMS 体系文件和记录；
- 法律、法规、政策和标准。

应该根据不同的目标群体开发不同的培训材料。

培训课程的设计至少应包含以下要点：

- 关于信息安全的风险和威胁；
- 信息安全的基本术语和基本要素；
- 信息安全事件如何识别和处理；
- 如何判断信息安全事件是否已经发生并应该如何处理；
- 组织的信息安全策略、标准和程序；
- 组织内的责任和报告渠道；
- 如何能有助于组织内的信息安全；
- 如何自我教育并获得有关信息安全的信息。

取决于IT使用的类型和深度，对于特殊目标应包括另外的专题，例如：

- 安全的通信；
- 特殊IT系统和应用系统的安全要求；
- 安全的软件开发；
- 信息安全流程的拟定和审核。

组织应根据培训内容选择进行外部培训或内部培训。

组织应对已经执行的教育与培训进行有效性评价，以保证员工具有胜任其所从事的工作的能力。建立、实施、运行和维护ISMS所需要的可能的能力范围如表1-1所列。

表 1-1 能力范畴

与信息安全管理有关的能力	通用信息安全管理理论和领导能力等
与信息安全审核有关的能力	通用信息安全审核理论和审核实践等
与安全技术有关的能力	网络安全、应用安全、主机安全、防火墙、渗透测试系统、病毒、安全编程和加密技术等的理论和实践

1.7.4 设计控制措施的实施

在 1.6.2 中为了处置安全风险，已经选择了控制措施。在本节中设计这些控制措施的实施。本标准对控制措施的具体实现方法不做要求。

针对 1.6.2 所选择的控制目标和控制措施，应该制定相应的实施计划。以下方面的内容应写进实施计划中：

- 负责控制措施的实施人员和责任；
- 被实施的控制措施的优先级；
- 处置风险的对策；
- 实施控制措施的任务或活动；
- 实施控制措施的时间要求；
- 控制措施实施完成后，应报告的人员；
- 实施资源（人力资源要求、空间要求、费用）。

如果信息安全活动与组织已有的程序和过程不一致，或者实施有困难，那么相关组织应立即进行沟通。例如，典型的解决方案是修改程序和过程、分派角色和责任、修改技术程序。

1.7.5 设计监视和测量

1.7.5.1 设计监视

监视过程流程如图 1-1 所示。

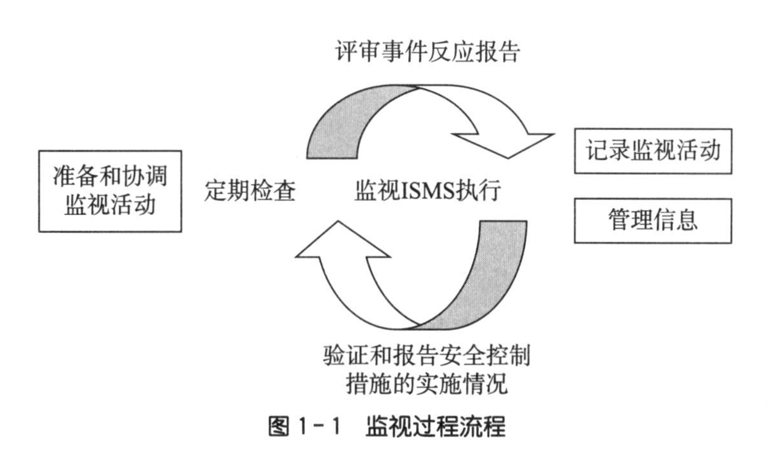

图 1-1 监视过程流程

准备和协调

监视是一个持续的过程，因此设计应考虑监视过程的建立以及设计实际监视的需要和活动。这些活动需要进行协调，这也是设计的一部分。

根据以往的信息建立的范围和定义的资产，结合风险分析的结果和控制措施的选择就可以定义监视的目标。监视目标应包括：

- 监视的对象；
- 监视的时机；
- 监视的内容。

在实际中，以往设置的业务活动/过程和相关联的资产是监视的基本范围，即监视的对象，从信息安全的角度看，监视重要资产是必要的。

为了找出在资产和相关的业务活动/过程方面应监视的对象，应考虑风险处理选择的控制措施情况，即监视的时机和内容。

监视可能涉及法律、法规和政策等方面的问题，因此要检查监视的设计使其不与法律、法规和政策等有冲突。

从设计的观点，重要的是协调并设计最终的监视活动。

监视活动

为了保持信息安全的级别，应正确应用已被识别的信息安全控制措施；安全事件应及时检测并得到解决，定期监视信息安全管理体系的执行情况。从信息安全角度看，应该定期审核以了解是否所有控制措施都按计划使用并实施，这应包括检查技术方面的控制措施（例如安全配置等）和管理方面的控制措施（例如过程、程序和操作等）是否符合要求。

检查应主要针对修补缺陷，如果检查获得通过，作为检查的目标，重要的是要得到所有相关人员承认。在检查期间，重要的是要与参与者讨论问题的办法，并准备适当的补救措施。

检查应做好充分准备，以确保最有效地达到目标，同时尽量少中断日常工作。实施检查应预先与管理者进行协调。

监视活动可能有三种不同的基本形式：

- 信息安全事件报告；
- 控制措施功能的验证或不符合项；
- 其他常规检查。

下一步介绍如何根据记录和向管理者提交的信息制定活动的结果。

应该编制正式文件来描述整个设计，其中包含基本活动、目标以及各种不同的责任。

监视输出的要求

监视的输出是：

- 详细的监视活动的记录。作为监视活动的输出，应提供一个管理报告。为了完成管理和监督任务而要求的所有信息都应以所要求的详细程度加以记录。
- 供管理者作出紧急决策的报告。报告应该给出推荐措施的列表，以及每项措施的成本效益分析。这可以确保管理者根据这些报告迅速作出必要的决定。

1.7.5.2 设计测量程序

测量过程应与组织的ISMS周期紧密结合，测量程序应能不断改进组织或项目的安全相关的过程和结果。

管理者应参与整个测量过程。在实施测量过程时管理者应：

a） 确认测量的要求。

b） 提供所需要的信息。

c） 还需要通过以下方面提供保障：

- 组织应通过某些措施证明其承诺，例如组织的测量方针、责任和义务的分配、培训和预算与其他资源的分配；
- 委任测量程序的负责人或部门，负责整个组织内传达ISMS测量的重要性和测量结果，以确保测量得到接受和应用；
- 确保ISMS测量数据得以收集、分析并向相关主管人员和外部相关方报告；
- 培训相关人员使用ISMS测量结果制定方针、分配资源和决定预算。

在设计信息安全测量程序时必须考虑以下事宜：

a） 范围。测量程序的范围至少应包含ISMS的范围、控制目标和控制措施。特别是应根据行业的特点、组织、办公地点、资产、技术以及包括对任何ISMS范围删减（这可以是单一控制措施、流程、系统、功能区域、整个企业、单一场所，或多场所组织）的详细说明和正当性理由等方面的特性确定ISMS测量的目标和边界。

b） 测量要点。根据信息安全测量程序的起点确定测量对象，因此为了建立测量程序，首先要确定对象。这些对象可以是流程或资源。在定义程序时，ISMS范围所定义的对象常常被分解以发现应被测量的测量实体，这些测量实体就可以认为是要测量的要点。这个定义过程可以用下面的例子加以说明：测量的总体对象是组织，而业务流程A或IT系统X是该对象的一部分，在这个过程中本身也构成一个对象。为了观察保护信息的实际效果，影响信息安全的该过程内的众多对象（人员、规则、网络、应用系统和设施等）是测量的实体。

c） 执行测量。在实施信息安全测量程序时，应注意可以服务于ISMS范围内多个业务流程和随后对ISMS的有效性和控制目标又有很大影响的测量对象。一般来说，在程序范围内这些对象一般应优先考虑，例如，安全组织和相关的流程、机房和信息安全合作者等。

d） 测量的周期。测量的周期可能有很大变化，但为了配合管理评审和整合持续改进ISMS流程，最好是测量在一定时间间隔内执行或总结。程序的设计应包括此内容。

e） 报告。结果的报告应进行设计。

信息安全测量程序的设计应形成文件，并由管理者批准。

此文件应包括以下内容：

a） 信息安全测量程序的责任；

b） 沟通责任；

c） 测量范围；

d） 如何执行（使用的基本方法、外部执行和内部执行等）；

e） 应什么时候执行；

f） 如何编写报告。

如果组织开发其自己的测量要点，那么作为设计阶段的一部分，这些要点必须形成文件。此文件可能十分全面，而且这些细节在实施时可能发生变化，因此并不一定必须由管理者签署。

1.7.5.3 测量ISMS的有效性

确定要实施的信息安全测量程序的范围时，应注意测量的对象不要定得太多，如果对象太多，最好把测量程序划分成几个不同部分。这些部分可用作比较独立的测量，但这种结合测量的目的是提供一个评价ISMS有效性的指针。这些次级范围通常是一个能确定清晰边界的组织单位。在这些次级范围内，将许多业务流程中的众多对象与众多对象的测量结合在一起，就可形成信息安全测量程序的适当范围。这也可看作一系列具有两个以上流程/对象构造的ISMS活动。因此，整个ISMS的有效性可以根据这些具有两个以上流程/对象的测量结果进行测量（见图1-2）。

由于目标是测量ISMS的有效性，测量控制目标和控制措施很重要，一方面要有足够数量的控制措施，另一方面这些控制措施要能足以评价ISMS的有效性。

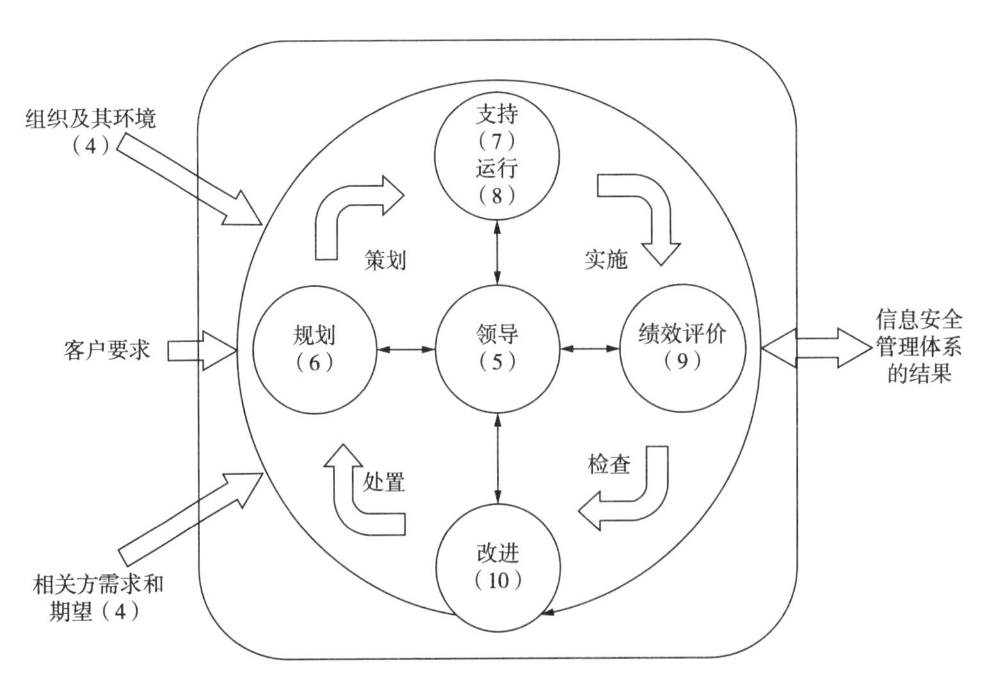

注：括号中的数字表示GB/T 22080—2016/ISO/IEC 27001：2013中相应的章。

图1-2 ISMS的PDCA过程有效性的测量

在使用测量结果来评价ISMS、控制目标和控制措施的有效性时，管理者要意识到信息安全测量程序的范围。测量程序负责人应获得管理者对“信息安全测量程序”的范围的批准。实际测量的执行可使用内部人员或外部人员或两者结合。

1.7.6 设计内部审核

应该定期进行内部审核，从而对ISMS的实施情况进行评价，这些审核也可用于日常工作中的整理和评价。为了有效实施ISMS，必须在这个阶段计划出审核的方式。

在ISMS审核期间，审核的结果应是基于证据而做出的决定。因此，ISMS运行到一定时期就需要收集适当的证据。图1－3展示了审核规划的概要。

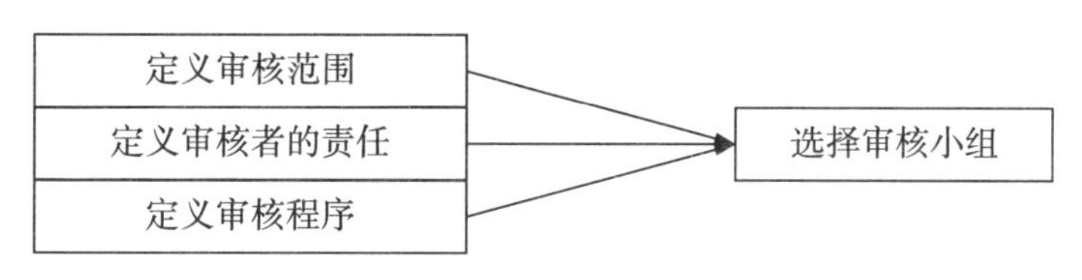

图1－3 审核规划的概要

组织按照计划进行内部审核时，具体时间间隔取决于组织的规模等因素。例如中小型组织可以适当地减少进行内部审核的次数。

内部审核的目的是确定其ISMS的控制目标、控制措施、过程和程序是否：

- 符合标准和相关法律法规的要求；
- 符合已确定的信息安全要求；
- 得到有效实施和保持；
- 按预期执行。

应在考虑拟审核的过程与区域的状况和重要性以及以往审核结果的情况下，制定审核方案。方案应规定审核的准则、范围、频次和方法。

审核员的选择和审核的实施应确保审核过程的客观性和公正性，但重要的是审核员应具有安全操作或管理等各种不同的能力。在执行一系列审核程序时，审核员要求具备以下方面的能力：

a） 规划和执行审核；

b） 报告结果；

c） 建议纠正措施和预防措施等。

在进行内部审核的过程中，首先要注意回避原则，即当事人不能对自己所从事的工作进行审核。但是对于小型组织来说，挑选内部ISMS审核员可能有一定困难。如果没有足够的可用资源供内部有经验的员工执行各类审核工作，那么应聘请外部审核员执行审核活动。

当组织使用外部审核员时，应注意，外部审核员虽然熟悉内部审核的流程，但是他们可能没有足够的有关组织的业务环境的知识，从而应由内部员工提供足够的信息。相反，内部审核员可能没有足够的有关ISMS审核的知识，但是他们能够通过考虑组织的业务环境，而执行更为准确的审核。

内部审核程序应形成文件，并由管理者批准。

内部审核请参考本书的“内部审核程序”及相关记录。

1.7.7 设计管理评审

信息安全领导小组应按计划的时间间隔评审组织的ISMS，以确保其持续的适宜性、充分性和有效性。

在进行管理评审的时候，下面这些问题应该考虑：

- 如果业务过程本身或者其重要性发生了变化，相应的安全措施应该考虑是否还适宜。
- 如果法律法规环境发生了变化，那么应该检查相关业务过程的符合性。
- 必须遵守与其他组织之间的合同义务。当合同的需求发生变化时，必须保证相关方履行了合同中所规定的义务。
- 必须关注安全需求、风险水平与可接受风险的变化。信息技术瞬息万变，新的威胁（例如新攻击方法的出现）与脆弱性层出不穷。程序的持续改进对于应对这种环境的变化非常重要。
- 在管理评审时，管理层应该允诺将提供足够的业务资源。
- 去除那些已经不再适宜或者无效的流程。

必须要注意的是，在进行信息安全过程的评审时，关注的焦点不是某个信息安全控制措施或者管理制度的有效性，而是关注整个体系的有效性。

评审的结果应清晰地形成文件，记录应加以保存。

管理评审请参考本书的“管理评审程序”及相关记录。

1.7.8 设计文件体系

文件体系的设计应有清晰的结构和层次，文件按层次可分成下面几类：

- 纲领性文件：一级文件；
- 程序文件：二级文件；
- 作业文件：三级文件；
- 相关记录：四级文件。

文件体系的设计请参见本书的3.2。

1.7.9 制定详细的实施计划

控制措施选择的结论、所计划的ISMS相关活动以及如何对其实施都应正式地写入实施计划。实施计划应遵循处理项目的通用准则，并可用通用工具和方法进行支持。由于ISMS项目包括组织内许多不同的角色，所有重要的活动要明确地指派负责人，项目的策划人和负责人要在整个项目和组织内进行广泛交流。

对于所有项目，项目负责人应保证该项目所需要的足够资源已进行了计划，并进行了分派。

ISMS 认证项目整体计划表

编制时间：2020－04－06
更新时间：2020－04－06

■ 时间跨度　● 已完成　▲ 进行中　◉ 里程碑　◎ 公共休假

工作阶段	工作内容/阶段成果	4月				5月				6月				7月					8月				9月				10月		
		1	2	3	4	5	6	7	8	9	10	11	12	13	14	15	16	17	18	19	20	21	22	23	24	25	26	27	28
项目启动	项目初次会议	■																											
	项目计划商讨及确认	■																											
	构建项目组	■																											
	项目组成员确认	■																											
	检查表、访谈表的设计	■																											
	ISMS 文件收集		■																										
	现场访谈		■																										
	ISMS 项目启动大会		◉																										
	信息安全基础知识培训		■																										
	ISO 27001 培训		■																										
	ISO 27002 培训		■																										
ISMS 现状评估	ISMS 现有文件分析		■	■																									
	资料/数据收集、整理、分析		■	■																									
	撰写差距分析报告			■																									
	评估结果管理层交流			■																									
	现状评估汇报会			◉																									
信息安全风险管理	信息安全风险管理培训			■																									
	确定风险评估程序				■																								
	信息资产识别与统计				■																								
	威胁脆弱性识别与评估					■	■																						
	确定风险处理程序						■	■																					
	生成风险处置计划							■	■																				
	生成风险评估报告								■	■																			
	风险管理阶段性成果汇报										◉																		
ISMS 体系文件编写	ISMS 体系文件规划						■	■	■	■	■																		
	ISMS 体系文档编写										■	■	■	■															
	ISMS 体系文件评审与定稿													■	■														
	ISMS 体系文件发布版														◉														

（续）

工作阶段	工作内容/阶段成果	4月				5月				6月				7月					8月				9月				10月		
		1	2	3	4	5	6	7	8	9	10	11	12	13	14	15	16	17	18	19	20	21	22	23	24	25	26	27	28
ISMS体系发布和试运行	信息安全管理体系宣贯大会														◉														
	ISMS体系运行、实施员工培训														■														
	ISMS试运行														■	■	■	■	■	■	■	■	■	■	■	■	◎		
	员工推广培训																				■	■							
	ISMS内部审核																					■							
	ISMS管理评审																							◉					
	ISMS体系改进																							■	■	■	◎		
体系认证审核	审核指导																											■	
	整改																											■	
	文档审核																											■	
	现场审核支持																											■	
	不符合项应答和纠正措施执行																											■	
项目收尾	项目文档整理																												■
	项目验收报告																												■
	项目验收总结大会																												◎

周计划样例：ISMS实施项目4月6日至4月10日工作计划（第一周）

日期		工作内容	参与人员	审核人员	进度	备注
2020-04-06	周一	确定培训讲义	—	刘颖一	0%	—
		准备行长启动会议讲话	宋新雨	刘颖一、文英	0%	☆柴璐行长需确认（4月9日前定稿）
		收集ISMS现有文件（工作持续到周三）	赵已、宋新雨	—	0%	—
2020-04-07	周二	确定并分发访谈问卷	赵已、宋新雨	刘颖一、张溪若	0%	纸质文档
		评估现有的ISMS文档	赵已、宋新雨	—	0%	并入差距分析报告
2020-04-08	周三	确定详细的启动会议及培训计划	赵已、宋新雨	刘颖一、张溪若	0%	—
		评估现有的ISMS文档	赵已、宋新雨	—	0%	并入差距分析报告

（续）

日期		工作内容	参与人员	审核人员	进度	备注
2020-04-09	周四	打印培训讲义，分发培训计划及讲义	赵巳、宋新雨	—	0%	纸质文档
		现场访谈	赵巳、宋新雨及待访谈的相关人员	—	0%	—
2020-04-10	周五	现场访谈	赵巳、宋新雨及待访谈的相关人员	—	0%	—
		启动会议及基础知识培训	全体相关人员	—	0%	☆柴璐行长出席讲话

1.8 实施

1.8.1 执行实施计划

在设计 ISMS 时，已经定义了许多项目，在组织内这些项目需要被指配给不同的责任人。管理者应为这些项目分配足够的资源。

项目的负责人除了以合适的方式处理项目以外，还应就项目的实施事宜保持定期沟通。

实施 ISMS 基本上涉及整个组织的范围，这个实施流程需要一段时间，而且很可能有变更。成功实施 ISMS 就必须熟悉整个项目并具有处理变更的能力，而且能针对变更作出适当的调整，如果有很重大的影响应报告给管理者。典型的变更有：

a） 组织内的变更，例如：

- 管理变更；
- 部门改组；
- 合并；
- 外包。

b） 技术环境上的变更，例如：

- 新系统；
- 新平台；
- 新通信；
- 新建筑物。

c) 法律、法规或政策的变更，例如：
- 新客户义务；
- 新法律法规。

重要的不是在实施项目流程中作较大的变更，而是要知道许多变更都可能影响初始决定的范围和目标以及所选的控制目标。

1.8.2 实现监视和测量

作为监视的一部分，常规检查是一项在ISMS实施中其他子项目中所描述的已经实施控制措施的日常工作，这可能包括检查员工所作的工作是否符合控制措施所描述的内容（例如：在追查债务时检查旧发票、确定管理报告中数量的分析、跟踪客户需求、调查IDS异常信息或系统故障等）。在检查过程中，可能检查出错误或安全事件，这些应以一致的方式进行报告和修正。

监视的目标是使目标和结果保持一致性。

监视活动应在“Do”阶段的组织标准和程序中预先确定，在这个步骤中，应持续地执行监视，并根据预先定义的规则累积监视结果。通过这些持续的监视活动，应能迅速发现处理结果中的错误，并能迅速识别已经发生或尚未发生的安全问题和事故。

独立执行监视活动时并不会按照期望的那样执行。执行这些活动应考虑与其他活动的关系，特别是与其他“Check”阶段的活动、评审、测量和审核的关系。如果发生安全问题或事故或在处理结果中发现错误，那么应确保对监视活动做出迅速有效的反应。累积的监视结果应审查或应用于审计，以改进使用。

另一方面，也应认识到执行持续的监视活动是为了检查ISMS，但在“Do”阶段的ISMS日常运行中也应执行这些活动。

为了正确地实施监视工作，应完成以下事宜：
- 制定组织关于监视的标准和程序，并按照这些规则执行。
- 让负责监视的每一个人都知道这些规则。如果需要的话，可以计划实施培训。

当然，持续执行符合规则的监视工作应通过执行ISMS得到保持，此外，所有员工都参与监视工作是很重要的。监督责任包括决定适当的程序获得满意执行。

在实施阶段期间，考虑如何解决有效的测量至关重要。

1.9 进行内部审核

内部审核的步骤及责任划分如图1-4所示。

1.9.1 审核策划

1.9.1.1 组织审核组

选择有资格的人员组织审核组，确定组长，下分若干作业小组，每组3~4人，指定一名负责人。

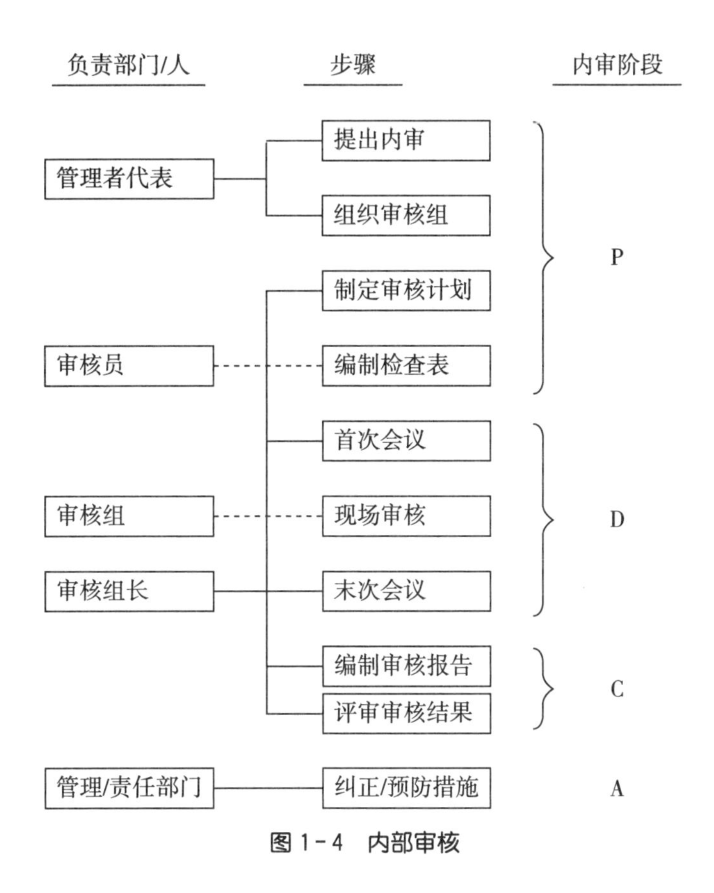

图 1-4　内部审核

审核组长的职责是编制当次内审计划，分配审核任务，与受审部门沟通，向管理者代表汇报审核结果，编制审核报告，组织纠正措施的跟踪验证等。

审核员的职责是编写检查表，完成分工范围内的现场审核任务，收集并记录审核证据，参与对纠正措施的跟踪验证工作。

1.9.1.2　确定审核目标

审核目标规定了一次审核需要完成的任务，一次审核目标一般包括：

- 评价管理体系与审核准则的符合程度；
- 评价管理体运行有效性及与适用的法律法规的符合程度；
- 评价组织的目标和管理方案的实现程度；
- 寻求环境管理体系需要改进的环节。

1.9.1.3　明确审核范围

审核范围是指一次审核活动所覆盖的内容和界限，即审核活动所涉及的区域、组织单元、场所、过程、活动、产品以及覆盖的时间。

1.9.1.4 规定审核准则

审核准则是评价整合管理体系符合性和有效性的依据。

审核准则包括适用的方针、程序、标准、法规、行业规范、体系文件等，由审核方案规定。

审核准则主要有：

- 标准；
- 企业方针、目标；
- 策略文件（管理手册）；
- 程序文件、作业文件。

国家和行业部门发布的有关法律法规、技术标准等。

1.9.1.5 评审文件

在外部审核中，首先进行文件评审，以确定文件所阐述的管理体系与审核准则的符合性。文件评审范围包括信息安全方针、程序文件及其他要求的文件。文件审核在现场审核前进行，也可以进入现场后进行。如果发现文件不适宜、不充分，审核组长应通知受审核方进行适当修改，或决定审核是否继续进行。

一般情况下，内审可不必由审核组进行文件评审，因为组织的体系文件已经批准发布执行。但在审核过程中如发现文件在操作性方面存在问题，审核组可以提请有关部门进行文件修改。

1.9.1.6 制定审核计划

根据审核方案所确定的年度审核计划安排，结合当时实际情况，编制当次审核实施计划。

审核计划内容包括：审核目标，审核范围，审核准则，审核组成员及分工，审核日程安排，包括首、末次会议和小组会议，各部门现场审核时间以小时为单位进行安排。

审核计划由审核组长编制，在现场审核前一周编制完成，由管理部门负责人或管理者代表审批，印发各受审部门及参加内审的审核员。

1.9.1.7 编制检查表

为了使审核目标明确、清晰，保证审核内容完整，每次审核前应编制检查表，以使审核工作规范化，格式化，减少审核员的随意性和盲目性。检查表由审核员编写，组长审核。

检查表是依据标准、组织的管理体系文件，按部门职能分配和过程/活动特点进行编制。部门、项目的职责涉及哪些要素，哪些是主控要素，哪些是相关要素，过程的输入、输出和活动的内容是什么？都需要在检查表中列出审核要点。因此，检查表就是“查什么”“如何查”，后者指抽样的步骤和抽样方法。

合理抽样是设计检查表的一个关键问题。审核员在现场需要看多少份文件、记录，观察多少实物，难以作出统一规定。样本种类要有代表性，注意分层抽样，适当均衡，由审核员独立随机抽样，样本要有一定数量。只有考虑了这些抽样原则，才能保证审核结果的客观性和公正性。

1.9.2 现场审核

1.9.2.1 首次会议

首次会议是现场审核阶段的开始。主要是确认审核计划，审核组与受审核部门沟通，由审核组全体人员，受审部门负责人，信息安全负责人和其他领导参加，审核组长主持会议。会议应签到和记录，时间 30min 左右。

首次会议的议程是：

- 确认内审目标、范围和审核准则；
- 介绍审核日程安排；
- 介绍审核组成员及分组；
- 明确审核方法、程序和要求；
- 确认末次会议时间；
- 请主要领导简短讲话。

对于小型组织，首次会议可以简化，可通过沟通传递内审信息。

1.9.2.2 现场审核活动

首次会议结束后，即进入现场审核阶段。现场审核是按内审计划由审核员按准备好的检查表进行检查，这是一个寻找客观证据的过程。

1）信息收集方法

信息收集的方法有面谈、查阅文件和记录、现场观察，这三种方法可以并行或交替使用，目的是获取更多的客观证据。

2）审核记录

审核员在面谈、倾听、观察、查阅的同时，要做好审核记录。记录内容包括：事实陈述、观察、印象。应有时间、地点、人物及凭证材料。记录应清晰、准确、扼要，能作为评价体系符合性和有效性的证据。

3）审核发现

所谓审核发现就是“将收集到的审核证据对照审核准则进行评价的结果”。

审核员通过现场调查，获取了大量的审核证据，将这些客观证据与审核准则进行比较评价，得出审核发现，审核发现有符合审核准则的，也有不符合审核准则的，对不符合要求的审核发现可确定为不符合项。

不符合项要有事实、证据和记录，便于查证，要得到受审核部门负责人确认。审核组经过协商研究和综合评价分析后，对不符合问题开出“不符合项通知单”。

4）不符合项通知单

不符合已定义的要求的任何问题。例如：不符合相关标准（如 GB/T 22080—2016/ISO/IEC 27001：2013，或 GB/T 19001—2016/ISO 9001：2015 等）的要求，或不符合相关法律法规的要求与合同的要求，或不符合本组织的方针与程序文件等的规定等。不符合项有时又称为不合格项。不符合项按其严重程度又分为：

a）严重不符合：

有下列情况之一，即构成严重不符合：

——不执行一个以上所需要的体系要素（如 GB/T 22080—2016/ISO/IEC 27001：2013 标准第 4 章~第 10 章中任何一条要求，或 ISMS 方针和程序）；

——一般不符合事项若持久稳固地存在，则可作为（或升级到）严重不符合事项。

b）一般不符合（轻微不符合）：

有下列情况之一者，可定为一般不符合：

——不会造成管理体系崩溃的、很容易纠正的较轻的不符合事项。例如：在执行 ISMS 体系期间，出现的记录不够完整；

——个别缺陷未能在所商定的时间期限内加以纠正的。

5）观察项

当时不会对信息安全造成有意义的影响，但审核员认为可能有潜在影响的一种发现。对于观察项，审核员需要在下一次审核时进行澄清。

审核员在判定不合格事实对照标准或体系文件条款时，应考虑以下几点原则：

——以事实为依据；

——就近不就远的原则，靠近最贴切的条款；

——由表及里的原则，判原因不判现象；

——合理不合“法”，以“法”为准，所谓“法”就是标准、文件的规定。

1.9.3 审核结果

1.9.3.1 体系评价

现场审核后，审核组要对所获得的大量审核证据、审核发现以及其他信息进行充分的分析、评价和总结，在此基础上得出管理体系有效性评价意见和审核结论，并提出审核报告。

审核组经过分析，对 ISMS 进行评价，肯定体系运行的符合性、有效性及优点，指出存在问题并提出改进意见：

- 管理体系主要过程应进行的活动和体系文件中各项规定是否得到实施和保持；
- 各项活动结果是否达到预定的目标；
- 组织的信息安全策略和目标的适宜性和实现程度；
- 信息安全管理水平的提高，即信息安全事件的发生频率及影响；
- 信息安全意识提高的表现；
- 管理体系自我完善与持续改进的情况和机制是否建立和健全。

根据评价得出审核结论。审核结论是在审核组考虑了本次审核目标，并对所有审核发现汇总分析后得出的结论意见。审核结论大致有以下几点：

● 组织的整合型管理体系与审核准则（标准、体系文件）的符合性和有效性如何，是有效、基本有效、还是无效；

● 是否具备接受外审（认证）的条件；

● 管理体系需要改进的领域；

● 整改意见。

1.9.3.2 末次会议

现场审核结束后，召开末次会议，这是一次正式的会议，由审核组长主持，与会人员与首次会议相同，与会人员签到。会议时间 40~60min。末次会议的程序是：

● 感谢受审部门对审核工作的支持与配合；

● 重申审核目标、范围、准则；

● 报告审核过程；

● 宣布不符合项报告单，应逐条宣读；

● 询问受审核部门是否有需要澄清之处；

● 说明审核抽样的局限性；

● 对此次审核工作进行总结，并对组织的管理体系运行有效性进行评价和提出审核结论；

● 提出采取纠正措施的要求；

● 请组织的最高管理者讲话，领导讲话主要从肯定审核作用、正视发现的问题、举一反三、如何整改等方面予以强调，同时，也借此机会感谢审核组辛勤工作和各部门的配合支持，这更加有利于调动各方面的积极性。对于小型组织，末次会议可以简化，可通过沟通传递信息。

1.9.3.3 审核报告

审核组长编写审核报告，审核报告的主要内容有：

● 审核的目标；

● 审核范围；

● 审核准则（审核所依据的标准/文件）；

● 审核组成员；

● 审核日期及审核过程简述；

● 审核发现及不符合项分布；

● 体系运行有效性的评价；

● 审核结论及整改意见。

审核报告经管理者代表批准签署并打印、分发到有关部门。

审核报告将提交管理评审。

1.9.4 审核后续

1.9.4.1 纠正措施

在内部审核中审核员开出了不符合项通知单，责任部门在接到不符合项通知单后，要认真调查分析造成不符合的原因，有针对性地提出纠正措施，以消除不符合的原因。纠正措施要经审核组认可。责任部门还要举一反三，查找有无类似的问题，同样要采取纠正措施。纠正措施计划的实施期限一般不超过30天，特殊情况适当延长。

1.9.4.2 跟踪验证

纠正措施完成后，责任部门应向主管部门报告，主管部门组织内审员对纠正措施的实施情况及其有效性进行验证，验证内容包括：

- 各项措施是否按规定日期都已完成；
- 完成后的效果如何，必要时进行抽查，看是否还有类似的不符合发生；
- 纠正措施的实施情况是否有记录，有证据可查，验证有关证据；
- 如因纠正措施引起程序文件修改，应提请管理部门考虑修改文件。

审核员经验证签署后，此项不符合即已关闭。

1.9.4.3 内审活动的监视

在内审过程中，管理部门应对内审活动进行监视，内容有：

- 审核活动和结果与审核方案、审核计划的符合性；
- 审核组实施审核计划的能力；
- 审核文件、记录是否符合要求；
- 审核目标是否达到。

根据内审活动监视的结果，每年进行一次总结，以便改进下一年度的审核方案。

内审过程中用到的内审方案、计划、检查表、不符合项报告单、内审报告等请参见本书的记录设计部分。

1.10 进行管理评审

1.10.1 评审策划

管理评审是标准的规定、组织自身发展的需求、相关方的期望而对组织所建立整合管理体系进行评审和评价的一项活动。

管理评审应按策划的时间间隔进行，通常每年至少进行一次。但当组织内部或面临环境发生较大变化、出现重大事故或有相关方投诉时，应及时进行管理评审。

管理评审由最高管理者主持，参加评审会议的人员一般为组织管理层成员和有关职能部门的负责人。

管理者代表授权进行策划，指定职能部门编制管理评审计划。

计划列出管理评审的时间、管理评审的内容，并对管理评审输入信息提出要求，有关主管部门应针对管理体系运行某一专题开展调查和监视、搜集数据，以及统计方面的工作，为管理评审的输入做好准备。管理评审的输入应符合相关条款的要求，结合组织自身的实际情况在管理评审计划中做出安排。管理评审计划经最高管理者批准签发后，提前通知参加管理评审的人员及有关部门。

1.10.2 管理评审实施

管理评审通常以会议的形式进行，有时也可以在现场举行。

管理评审会议由最高管理者主持，管理者代表协助，企业管理部具体组织，领导层成员以及有关部门负责人参加会议并签到。按照会议的安排，管理者代表在会上作总的汇报，有关部门专题发言，并展开讨论和评审。会议应有专人进行记录，记录人应收集评审人员的发言资料。记录应予保持。

最高管理者针对管理评审会议中提出的问题、建议，组织讨论，进行总结性发言和评价，对所采取的措施做出决定，作为管理评审会议的决议，据此形成“管理评审报告”。

管理评审过程中使用的表单等请参见本书的记录设计部分。

1.11 持续改进

管理评审后，检查管理评审提出的整改措施的执行情况，相关部门负责人跟踪，企业管理部组织验证，发现问题及时纠正，其实施结果作为下次管理评审的输入。

管理评审后，管理者代表督促相关部门制定持续改进计划。

Two

2 风险管理

目前有很多流行的关于风险管理的标准或文献，其中给出了不同的模型或者方法。但是不可能有一个方法是“放之四海而皆准”的，因此，组织必须根据自己的信息安全实践裁减后使用。组织在设计风险管理模型时，可以参考2.2和2.3中所介绍的标准或文献。

下面对风险管理过程中的主要术语、国家标准、其他可以参考的标准以及设计风险管理的方法进行相关介绍。

在本书中对风险管理讨论的重点是相关文档的编写，若读者需要对风险管理方法作更深入的探讨，请参考本丛书的《信息安全风险评估（第2版）》。

《信息安全风险评估（第2版）》给出了目前比较通用的风险评估方法及风险处置的流程，并按照书中提供的方法给出了完整的风险评估和风险处置的示例。

2.1 主要术语

以下对风险管理的主要术语进行介绍。

风险管理（risk management）

风险管理是组织管理活动的一部分，其管理的主要对象就是风险。GB/T 23694—2013/ISO Guide 73：2009《风险管理 术语》指出，风险管理由一系列的活动组成，这些活动包括了标识、评价、处理和可能影响组织正常运行事件的整个过程，其准确的定义为：风险管理（risk management）是指在风险方面指导和控制组织的协调活动。

风险管理框架（risk management framework）

为设计、执行、监督、评审和持续改进整个组织的风险管理提供基础和组织安排的要素集合。在GB/T 23694—2013/ISO Guide 73：2009《风险管理 术语》原文中给了三个有用的注解，分别为：

注1：基础包括管理风险的方针、目标、授权和承诺。

注2：组织安排包括计划、关系、责任、资源、过程和活动。

注3：风险管理框架是嵌入到组织的整体战略、运营政策和实践当中的。

风险管理方针（risk management policy）

组织在风险管理方面的总体意图和方向的表述。

风险管理计划（risk management plan）

用于管理风险的方法、管理要素及资源方案。在 GB/T 23694—2013/ISO Guide 73：2009《风险管理　术语》原文中给了两个有用的注解，分别为：

注 1：管理要素通常包括程序、操作方法、职责分配、活动的顺序和时间安排。

注 2：风险管理计划可用于具体的产品、过程、项目以及组织的部分或整体。

风险管理过程（risk management process）

将管理政策、程序和操作方法系统地应用于沟通、咨询、明确环境以及识别、分析、评价、应对、监督与评审风险的活动中。

风险评估（risk assessment）

包括风险识别、风险分析和风险评价的全过程。

风险识别（risk identification）

发现、确认和描述风险的过程。在 GB/T 23694—2013/ISO Guide 73：2009《风险管理　术语》原文中给了两个有用的注解，分别为：

注 1：风险识别包括对风险源、事件及其原因和潜在后果的识别。

注 2：风险识别可能涉及历史数据、理论分析、专家意见以及利益相关者的需求。

风险分析（risk analysis）

理解风险性质、确定风险等级的过程。在 GB/T 23694—2013/ISO Guide 73：2009《风险管理　术语》原文中给了两个注解，分别为：

注 1：风险分析是风险评价和风险应对决策的基础。

注 2：风险分析包括风险估计。

风险评价（risk evaluation）

对比风险分析和风险准则，以确定风险或其大小是否可以接受或容忍的过程。

风险源（risk source）

可能单独或共同引发风险的内在要素。注：风险源可以是有形的，也可以是无形的。

风险准则（risk criteria）

评价风险重要性的依据。在 GB/T 23694—2013/ISO Guide 73：2009《风险管理　术语》原文中给了两个有用的注解，分别为：

注 1：风险准则的确定需要基于组织的目标、外部环境和内部环境。

注 2：风险准则可以源自标准、法律、政策和其他要求。

风险应对（risk treatment〔4〕）

处理风险的过程。在 GB/T 23694—2013/ISO Guide 73：2009《风险管理　术语》中，

---

〔4〕 risk treatment，这个术语的翻译比较混乱，但英文都是一样的。“风险应对”是 GB/T 23694—2013/ISO Guide 73：2009 的最新出现的译法。在 GB/T 23694—2009/ISO/IEC Guide 73：2002 中 risk treatment 翻译为“风险处理”。risk treatment 在 GB/T 22080—2016/ISO/IEC 27001：2013 中就被翻译为“风险处置”。

对这个定义也有详细的注解，包括：

注1：风险应对可以包括：(1) 不开始或不再继续导致风险的行动，以规避风险；(2) 为寻求机会而承担或增加风险；(3) 消除风险源；(4) 改变可能性；(5) 改变后果；(6) 与其他各方分担风险（包括合同和风险融资）；(7) 慎重考虑后决定保留风险。

注2：针对负面后果的风险应对有时指“风险缓解（risk mitigation）”“风险消除（risk elimination）”“风险预防（risk prevention）”“风险降低（risk reduction）”等。

注3：风险应对可能产生新的风险或改变现有风险。

2.2 国家标准

截至2021年2月，我国已经发布的信息安全风险评估/管理相关国家标准如表2-1所示。

表2-1 信息安全风险评估/管理相关国家标准

编号/状态	标题	备注
GB/T 20984—2022	信息安全技术　信息安全风险评估方法	
GB/T 24364—2023	信息安全技术　信息安全风险管理实施指南	
GB/T 31509—2015	信息安全技术　信息安全风险评估实施指南	
GB/T 31722—2015	信息技术　安全技术　信息安全风险管理	ISO/IEC 27005：2008，IDT
GB/T 33132—2016	信息安全技术　信息安全风险处理实施指南	
GB/T 36466—2018	信息安全技术　工业控制系统风险评估实施指南	
GB/T 36637—2018	信息安全技术　ICT供应链安全风险管理指南	

下面对以上标准进行介绍。

2.2.1 GB/T 20984—2022

GB/T 20984—2022《信息安全技术　信息安全风险评估方法》，是信息安全领域应用最广泛的国家标准之一，在风险分析原理的基础上，给出了风险评估的实施流程。标准发布于2022年4月15日，2022年11月1日开始实施。

该标准共有五章，六个附录，如表2-2所示。

表2-2 GB/T 20984—2022基本内容

章节	基本内容
第一章	范围
第二章	规范性引用文件

表 2－2（续）

章节	基本内容
第三章	术语和定义、缩略语
第四章	风险评估框架及流程
第五章	风险评估实施
附录 A（资料性）	评估对象生命周期各阶段的风险评估
附录 B（资料性）	风险评估的工作形式
附录 C（资料性）	风险评估的工具
附录 D（资料性）	资产识别
附录 E（资料性）	威胁识别
附录 F（资料性）	风险计算示例

该标准不仅讨论了实施流程，更重要的是全面讨论了信息安全风险评估的相关问题，例如工作形式、信息系统各周期阶段的风险评估以及相关工具。

4.2 中给出了风险分析原理，图 2－1 为风险评估的实施流程图。

风险分析原理如下：

a） 根据威胁的来源、种类、动机等，并结合威胁相关安全事件、日志等历史数据统计，确定威胁的能力和频率；

b） 根据脆弱性访问路径、触发要求等，以及已实施的安全措施及其有效性确定脆弱性被利用难易程度；

c） 确定脆弱性被威胁利用导致安全事件发生后对资产所造成的影响程度；

d） 根据威胁的能力和频率，结合脆弱性被利用难易程度，确定安全事件发生的可能性；

e） 根据资产在发展规划中所处的地位和资产的属性，确定资产价值；

f） 根据影响程度和资产价值，确定安全事件发生后对评估对象造成的损失；

g） 根据安全事件发生的可能性以及安全事件造成的损失，确定评估对象的风险值；

h） 依据风险评价准则，确定风险等级，用于风险决策。

2.2.2 GB/T 24364—2023

GB/T 24364—2023《信息安全技术　信息安全风险管理实施指南》，参考了 ISO/IEC 27005 等国际信息安全风险管理的相关标准，并经过国家有关行业和地区的试点验证。信息安全风险管理包括语境建立、风险评估、风险处置、批准留存、监视与评审和沟通与咨询六个方面的内容。语境建立、风险评估、风险处置和批准留存是信息安全风险管理的四个基本步骤，监视与评审和沟通与咨询则贯穿于这四个基本步骤中，见图 2－2。

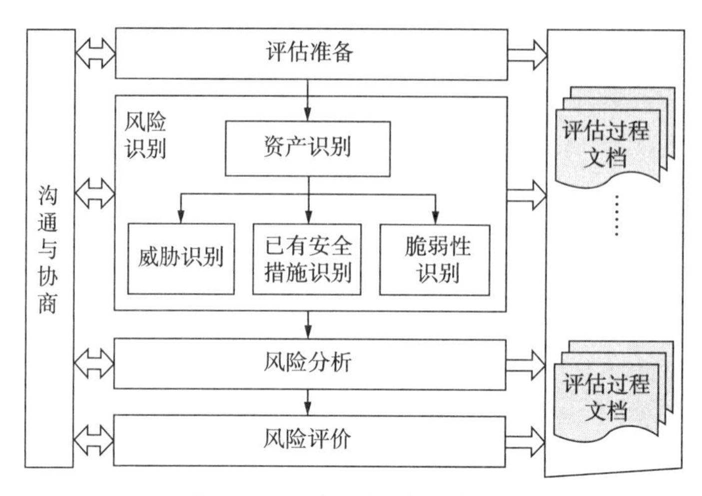

图2－1　风险评估的实施流程图

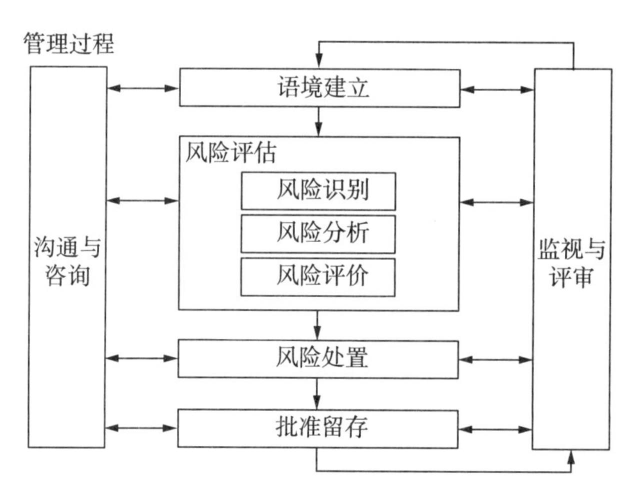

图2－2　信息安全风险管理的内容和过程

第一步是语境建立，确定风险管理的对象和范围，实施风险管理准备，进行相关信息的调查和分析，明确风险管理对象的安全要求。第二步是风险评估，针对确立的风险管理对象所面临的风险进行识别、分析和评价。第三步是风险处置，依据风险评估的结果，选择并执行合适的安全措施来降低风险的过程。第四步是批准留存，机构的决策层依据风险评估和风险处置的结果是否满足风险管理对象的安全要求，做出是否认可风险管理活动的决定，并将结果留存。当风险管理对象的业务目标和特性发生变化或面临新的风险时，需要再次进入上述四个步骤，形成一次新的循环。监视与评审包括对上述四个主体步骤的监视和评审。监视是定期或不定期对风险管理过程的运行情况进行查看，了解风险管理过程的执行情况，持续监测风险的变化，及时进行风险预警和风险处置，评审是对监视的结果进行分析和评价，从而确定风险管理过程的有效性，并持续改进。沟通与咨询为上述四个步骤中相关方提供沟通和咨询。沟通与咨询是通过相关方之间交换和/或共享关于风险的信息，就如何管理风险达成一致的活动。沟通是在相关方需要时为其提供学习途径，以保持参与人员之间的协调一致，共同实现安全目标。咨询是为所有相关方提供学习途径，以增强风险意识、知识和技能，配合实现安全目标。语境建立、风险评估、风险处置、批准留存、监视与评审、沟通与咨询构成了一个螺旋式上升的循环，使得风险管理对象在自身和环境的变化中能不断应对新的安全需求和风险。

2.2.3 GB/T 31509—2015

GB/T 31509—2015《信息安全技术　信息安全风险评估实施指南》，从风险评估工作开展的组织、管理、流程、文档、审核等几个方面进行了细化。标准发布于 2015 年 5 月 15 日，2016 年 1 月 1 日开始实施。

该标准共有五章，四个附录，如表 2-3 所示。

表 2-3　GB/T 31509—2015 基本内容

章节	基本内容
第一章	范围
第二章	规范性引用文件
第三章	术语、定义和缩略语
第四章	风险评估实施概述
第五章	风险评估实施的阶段性工作
附录 A（资料性附录）	调查表
附录 B（资料性附录）	安全技术脆弱性核查表
附录 C（资料性附录）	安全管理脆弱性核查表
附录 D（资料性附录）	风险分析案例

该标准从风险评估工作开展的组织、管理、流程、文档、审核等几个方面提出了相关要求，能有效地指导组织对风险评估工作的落地。

2.2.4 GB/T 31722—2015

GB/T 31722—2015《信息技术　安全技术　信息安全风险管理》，等同采用国际标准 ISO/IEC 27005：2008《信息技术　安全技术　信息安全风险管理》，因此该标准为组织内的信息安全风险管理提供指南，特别是支持按照 GB/T 22080—2016/ISO/IEC 27001：2013 的 ISMS 要求。标准发布于 2015 年 6 月 2 日，2016 年 2 月 1 日开始实施。

信息安全风险管理过程由语境建立（第 7 章）、风险评估（第 8 章）、风险处置（第 9 章）、风险接受（第 10 章）、风险沟通（第 11 章）和风险监视与评审（第 12 章）组成。图

2－3是信息安全风险管理过程。

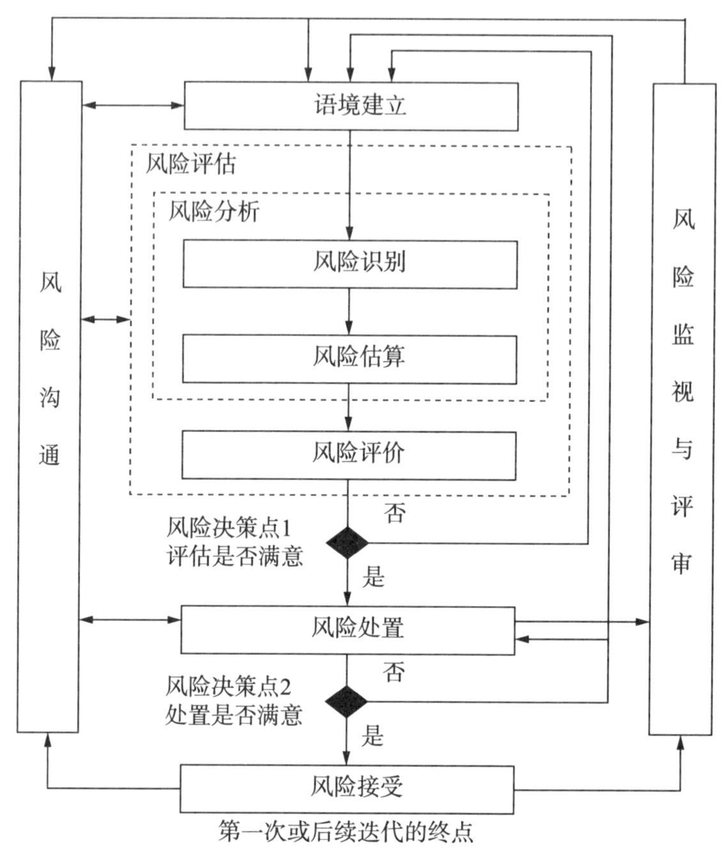

图2－3 信息安全风险管理过程

该标准还总结了与ISMS过程的四个阶段相关的信息安全风险管理活动，如表2－4所示。

表2－4 ISMS和信息安全风险管理过程对照表

ISMS过程	信息安全风险管理过程
规划	语境建立 风险评估 风险处置计划制定 风险接受
实施	风险处置计划实施
检查	持续的风险监视与评审
处置	信息安全风险管理过程保持与改进

2.2.5 GB/T 33132—2016

GB/T 33132—2016《信息安全技术　信息安全风险处理实施指南》针对风险评估工作中反映出来的各类信息安全风险，从风险处理工作的组织、管理、流程、评价等方面给出了相关描述，用于指导组织形成客观、规范的风险处理方案，促进风险管理工作的完善。

该标准介绍了风险处理的基本流程，包括了三个阶段的工作，分别为风险处理准备阶段、风险处理实施阶段和风险处理效果评价阶段，如图 2-4 所示。

第一个阶段是风险处理准备阶段，确定风险处理的范围，明确风险处理的依据，组建风险处理团队，设定风险处理的目标和可接受准则，选择风险处理方式，明确风险处理资源，形成风险处理计划，并得到管理层对风险处理计划的批准。

第二个阶段是风险处理实施阶段，准备风险处理备选措施，进行成本效益分析和残余风险分析，对处理措施进行风险分析并制定应急计划，编制风险处理方案，待处理方案获得批准后，要对风险处理措施进行测试，测试完成后，正式实施。在处理措施的实施过程中，要加强监管与审核。

第三个阶段是风险处理效果评价阶段，制定评价原则和方案，开展评价实施工作，对没有达到处理目的的风险，要进行持续改进。风险处理工作是持续性的活动，当受保护系统的政策环境、业务目标、安全目标和特性发生变化时，需要再次进入上述步骤。

2.2.6 GB/T 36466—2018

GB/T 36466—2018《信息安全技术　工业控制系统风险评估实施指南》适用于工业控制系统，在对工业控制系统的资产进行整理分析的基础上，从其资产的安全特性出发，分析工业控制系统的威胁来源与自身脆弱性，归纳出工业控制系统面临的信息安全风险，并给出实施工业控制系统风险评估的指导性建议。

2.2.7 GB/T 36637—2018

GB/T 36637—2018《信息安全技术　ICT 供应链安全风险管理指南》在 GB/T 31722—2015《信息技术　安全技术　信息安全风险管理》的指导下，参考了相关国内外标准的技术内容，针对 ICT 供应链的特点，细化 ICT 供应链安全风险管理的过程和控制措施，包括列举 ICT 供应链的主要安全威胁和脆弱性，细化 ICT 供应链安全风险管理的步骤和实施细则，给出 ICT 供应链安全风险控制措施集合等，为 ICT 产品服务的需方或供方提供管理 ICT 供应链安全风险的实施指南。

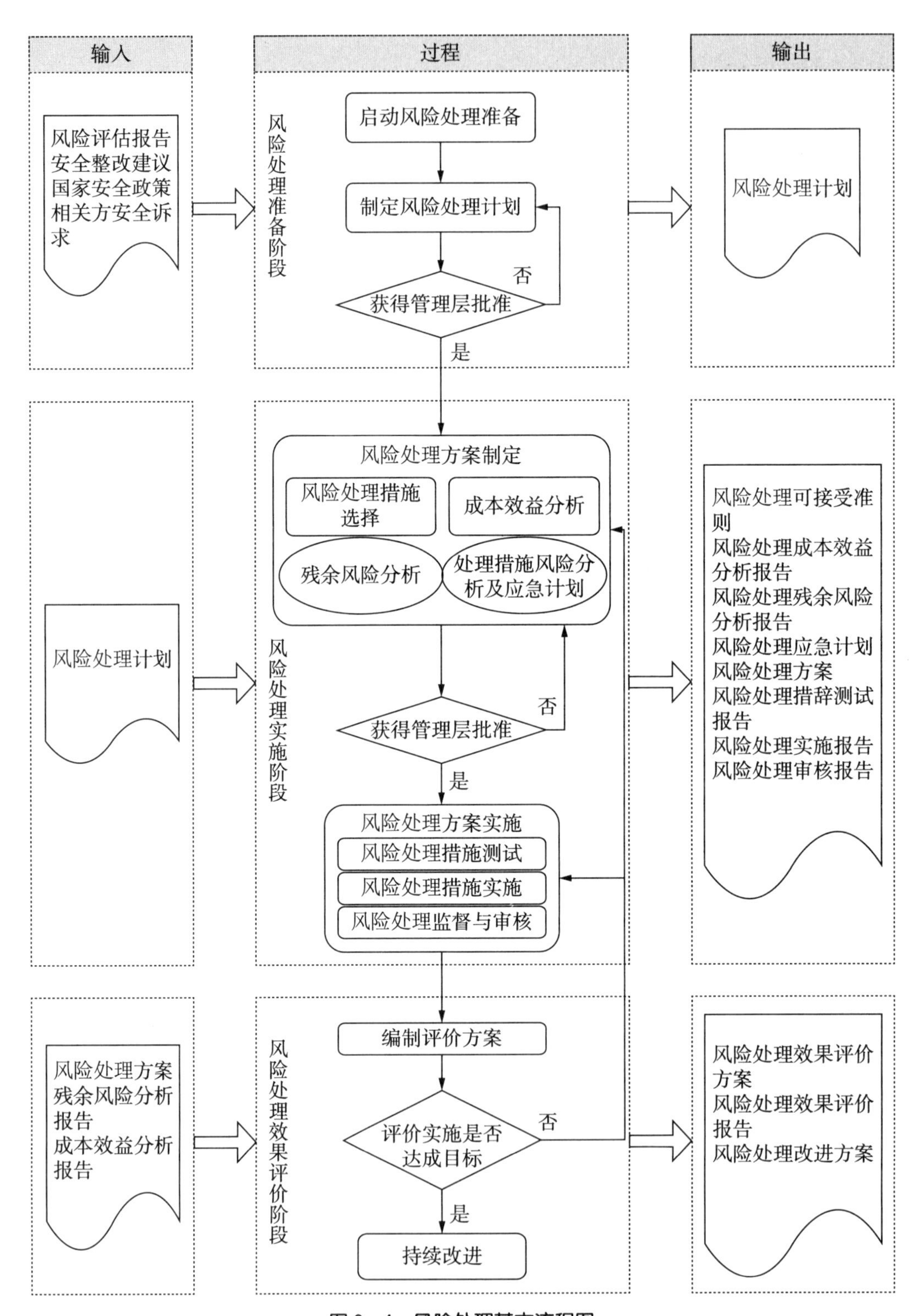

图2－4　风险处理基本流程图

2.3 其他标准

2.3.1 ISO 31000

ISO 31000 *Risk management*—*Guidelines* 由国际标准化组织于 2009 年 11 月 15 日发布，目前最新版本为 2018 版。该标准制定了风险管理的原则与通用的实施指导准则，提供了风险管理的通用方法，可用于组织的整个生命周期，适用于任何活动，包括各级决策。

ISO 31000：2018 共分为 6 章，具体内容如表 2－5 所示。

表 2－5 风险管理指南概要

章节	基本内容
第 1 章	范围
第 2 章	规范性引用文件
第 3 章	术语和定义
第 4 章	原则
第 5 章	框架
第 6 章	流程

该标准给出了风险管理的原则、框架和流程，这也是 ISO 31000 标准的核心构成和思路，三者之间的关系如图 2－5 所示。

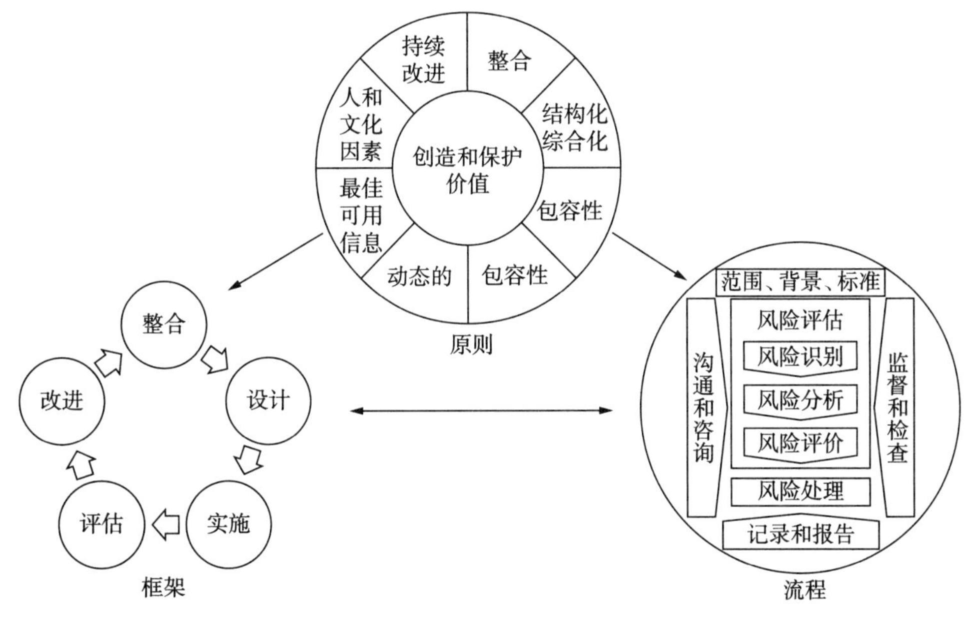

图 2－5 原则框架和流程

风险管理的目的是创造和保护价值，原则是风险管理的基础，应在建立风险管理框架和流程时予以考虑。

建立风险管理框架能协助组织将风险管理整合到重要活动和职能中。风险管理的有效性取决于其整合到包括决策在内的组织治理中的程度。这需要利益相关方，特别是最高管理层的支持。

风险管理流程为管理和决策不可或缺的一部分，且应融入组织的架构、运营和流程中。可将风险管理流程应用于战略、运营、计划、项目层面上。它在组织内可有多种应用方式，可对其做相应调整，以达成目标并符合其应用的内外部环境的需要。

2.3.2 COSO企业风险管理

美国反虚假财务报告委员会下属发起的组织委员会（简称 COSO）[5] 于 2004 年发布了《企业风险管理　综合框架》，2017 年 9 月，该报告更新为《企业风险管理　战略与绩效的整合》（简称《COSO 企业风险管理》）。

《COSO 企业风险管理》包括两部分：第一部分提供了一个对现有的和正在发展的企业风险管理概念和应用的观点；第二部分是框架的内容，包括了不同的视角和组织结构，增强了企业在战略选择、执行和决策过程中对风险的考虑。

COSO 框架广泛被应用以加强组织管理不确定性的能力，增强组织考虑可以接受的风险大小以增加组织价值。2017 版更新后的框架提供了对战略和企业风险管理在战略设置和执行方面更加深入的认识，增强了组织层面业绩和企业风险管理的一致性，适应治理和监管的预期。新版主要的变化体现在，采用了一个组件和原则的结构，简化了企业风险管理的定义，强调了风险和价值的关系，重新更新了对企业风险管理整合的关注，审视了企业文化的角色，评估了战略讨论，增强了绩效和企业风险管理的整合，更加明确地关联企业风险管理和决策。

《COSO 企业风险管理》对风险和风险管理的定义如下：

风险：事件将要发生并影响战略和业务目标实现的可能性。

风险管理：组织依赖的文化、能力、实践同战略制定和绩效相整合，以管理其在创造、保留和实现价值方面的风险。

《COSO 企业风险管理》框架由五大关联的要素组成，该五大要素由 20 项关联原则提供支持，这些原则涵盖了从治理到监督的各个方面，遵循这些原则可就企业如何结合战略和业务目标进行风险管理，为董事会和管理层提供了合理预期，这 20 条原则也是实施企业风险管理的步骤，具体内容如表 2－6 所示。

---

〔5〕 The Committee of Sponsoring Organization of the Treadway Commission ，COSO，https ：//www. coso. org/Pages/default. aspx.

表 2-6 20 条原则

原则 1：履行董事会的风险监督职能	董事会对战略实施监督，履行治理职责，支持达到战略和业务目标的管理
原则 2：建立运营架构	组织建立运营架构实现战略和业务目标
原则 3：定义理想的企业文化	组织定义可代表其理想文化的预期的行为
原则 4：致力于实现核心价值	组织彰显可实现其核心价值的承诺
原则 5：吸引、培育和留住人才	组织致力于构建符合其战略和业务目标的人力资本
原则 6：分析业务环境	组织考虑业务环境对风险分布的影响
原则 7：定义风险偏好	组织定义在创建、保留和实现价值背景下的风险偏好
原则 8：评估备选战略	组织评估可替代的战略和对风险分布的潜在影响
原则 9：制定业务目标	组织在整合和支持战略的多个层次构建业务目标时均考虑风险
原则 10：识别风险	组织识别影响战略和业务目标绩效的风险
原则 11：评估风险的严重程度	组织选择合理的评估方法评估不同层次风险的严重程度
原则 12：风险排序	组织对风险进行排序，作为选择风险应对措施的基础
原则 13：执行风险应对方案	组织定义、选择、部署风险应对方案
原则 14：建立风险组合观	组织开发和评估风险的组合观
原则 15：评估重大变化	组织识别和评估对战略和业务目标产生重大影响的变化
原则 16：检查风险和绩效	组织将检查活动整合到业务实践中，检查其绩效，考虑风险
原则 17：企业风险管理改进	组织抓住机会致力于组织风险管理的持续改进
原则 18：运用信息和技术	组织运用其信息技术和系统支持企业风险管理
原则 19：沟通风险信息	组织使用沟通渠道支持企业风险管理
原则 20：汇报风险、文化和绩效	组织在其内部的不同层面汇报风险、文化和绩效

2.3.3 NIST SP800-30

NIST SP800-30《IT 系统风险管理指南》，由 NIST 发布于 2002 年 1 月，目前 2012 版的 NIST SP800-30 共分为三章：

第一章“引言”，给出了指南的目的、适用范围、目标读者和参考资料等。

第二章“基础”，介绍了与风险评估相关的基本概念，包括：（1）风险评估在风险管理过程中所起的作用；（2）进行风险评估时常用到的概念；（3）如何在组织、业务流程和信息系统中应用风险评估。

第三章“过程”，描述了信息安全风险评估的过程，包括：（1）风险评估的概述；（2）准备风险评估所需要的活动；（3）实施有效风险评估所需的活动；（4）沟通评估结果和分享与风险有关的资料所需的活动；（5）持续维持风险评估结果的必要活动；（6）风险评估过程等内容。

指南还包括了12个附录。附录A为参考文献。附录B为常用术语和定义。附录C为缩略词。附录D为威胁来源。附录E为威胁事件。附录F为脆弱性和易受影响的条件。附录G为威胁事件发生的可能性。附录H为威胁事件对个人、组织和国家的影响。附录I为风险判定。附录J为风险应对。附录K为风险评估报告。附录L为风险评估任务总结。

在本指南中，给出了风险评估的过程，如图2-6所示。

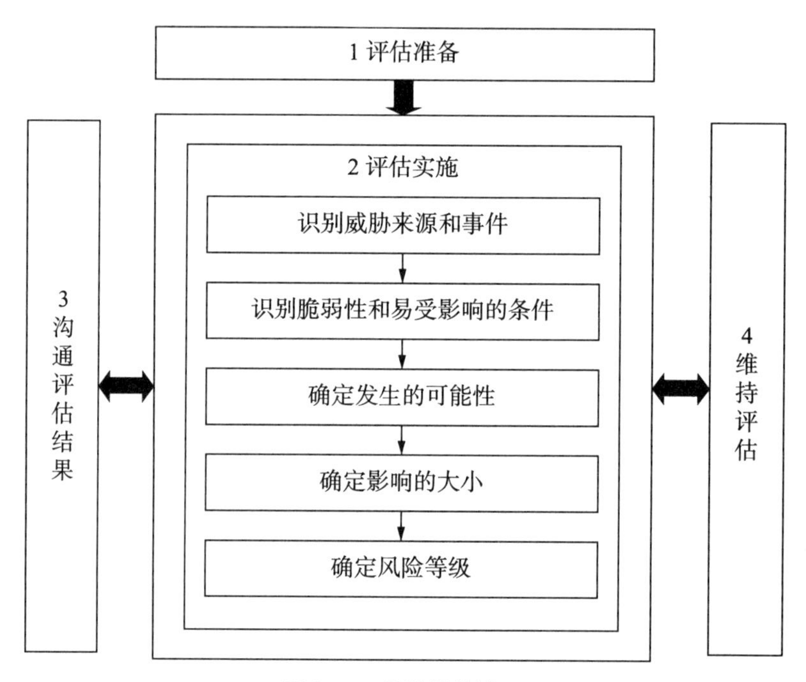

图2-6　风险评估过程

风险评估过程的第一步是评估准备。这一步的目的是为风险评估建立一个环境。这种环境是由风险管理过程的风险构建步骤的结果建立和告知的。风险框架识别，例如，关于进行风险评估的政策和要求的组织信息，要使用的特定评估方法，选择风险的程序要考虑的因素、评估的范围、分析的严密性、正式的程度，以及促进跨组织的一致和可重复的风险确定的需求。组织在可行的范围内使用风险管理战略，以获取信息，为风险评估做准备。

风险评估过程的第二步是评估实施。此步骤的目标是生成一个信息安全风险列表，可按风险级别进行优先排序，并用于提供风险应对决策。为了实现这一目标，组织分析威胁和漏洞、影响和可能性，以及与风险评估过程相关的不确定性。这一步骤还包括收集基本信息，作为每项任务的一部分，并根据风险评估过程准备阶段中确定的评估背景进行。风险评估的期望是根据准备步骤中的特定定义、指导和方向以及充分覆盖整个威胁空间来建立的。然而，在实践中，对可用资源的充分覆盖可能要求概括威胁来源、威胁事件和漏洞，以确保完全覆盖和评估特定的、详细的来源、事件和漏洞，仅在必要时才能完成风险评估目标。

风险评估过程的第三步是沟通评估结果。这一步的目标是确保整个组织的决策者有准确的风险相关信息，用于告知和指导风险决策。

风险评估过程中的第四步是维持评估。这一步的目的是确保组织所产生的风险知识是最新的。风险评估的结果为风险管理决策提供信息，并指导风险应对。为了支持风险管理决策（例如，采购决策，信息系统和公共控制的授权决策，连接决策）的持续评审，组织通过风险监控检测到的任何变化维护风险评估。风险监测为组织提供了一种手段，包括：(1) 确定风险应对的有效性；(2) 识别对组织信息系统和这些系统运行环境风险的影响变化；(3) 验证风险评估维护的有效性。

2.3.4 OCTAVE

OCTAVE®（Operationally Critical Threat，Asset，and Vulnerability Evaluation℠）是Carnegie Mellon University（美国卡耐基·梅隆大学）SEI（Software Engineering Institute，软件工程研究所）开发的信息安全风险评估方法。自从2003年6月免费下载之后，在全球范围内得到广泛的应用。

OCTAVE注重自评估。由来自业务运作或者IT部门的工作组人员来确定组织的安全需求。这个小组把从员工处得到的大量信息进行整理，从而得到组织目前的安全现状，识别出关键资产所面临的风险，并由此制定出安全策略。

OCTAVE显著区别于以往典型的以技术为焦点的评估。它关注组织风险和策略、操作文件，平衡操作风险、安全实践和技术之间的关系。

OCTAVE主要有三个过程：

过程一：建立基于资产的威胁概要文件，这是组织角度的评价。分析小组决定哪些组织的重要和目前已经实施保护措施的信息资产。从而，分析小组确定组织的最重要资产即关键资产及其安全需求。最后，识别出这些关键资产的威胁，建立威胁概要文件。

过程二：识别基础设施的脆弱性，这是对信息基础设施的评价。分析小组检查网络接入路径，识别与关键资产相关联的信息技术部件类别，从而确定是哪些部件在防御网络攻击。

过程三：制定安全策略与计划。在这个评价过程中，分析小组确定关键资产所面临的风险并确定如何控制它们。基于对前述步骤收集的信息的分析，分析小组确定关键资产的保护策略和风险的减缓（处理）策略。

基于这三个过程，OCTAVE方法共包括下面这些步骤，如表2－7所示。

表2-7 OCTAVE方法

建立基于资产的威胁概要文件	P1：高级管理层工程
	P2：执行管理层工程
	P3：员工工程（2）
	P3：IT职员工程
识别基础设施的脆弱性	P4：威胁统计工程
	P5：关键组件工程
制定安全策略与计划	P6：运行漏洞工具
	P6：漏洞评估工程
	P7：风险分析工程
	P8：保护策略工程A
	P8：保护策略工程B（与高级管理者一起）

2.4 设计风险管理

2.4.1 概述

在GB/T 23694—2013/ISO Guide 73：2009中，将风险管理（risk management）定义为：指导和控制一个组织（organization）相关风险的协调活动。

（原文）注：风险管理一般包括风险评估（risk assessment），风险处置（risk treatment），风险接受（risk acceptance）和风险信息传递（risk communication）。

风险管理是组织管理活动的一部分，其管理的主要对象就是风险。

由定义的注中可以看出，风险管理是由一系列的活动所组成，这些活动包括了标识、评价和处理与可能影响组织正常运行事件的整个过程。

风险管理的定义中给出了目前比较成熟的模型或者方法。不同的行业或者标准可能有不同的风险管理步骤，总结起来，可以简单地用图2-7表示。

从图2-7中可以看出，风险管理至少要包括风险评估和风险处置两个最重要的步骤。而事实上，风险处置仅仅包括一系列标准的流程，因此在方法的设计上比较简单。风险评估则是一整套系统化的流程，目前关于风险评估方法的文献也比较多，是设计的重点。

2.4.2 设计风险管理方法

2.4.2.1 注意的要点

对于（定性）风险评估而言，其结果就是相对的等级列表（rank）。在实施评估过程中的各种因素的等级定义并不是重点，也并不影响结果的公正性。例如，NIST SP800－30中等级一般定义为3级，而GB/T 20984—2022、ISO/IEC 27005等标准中一般定义为5级。

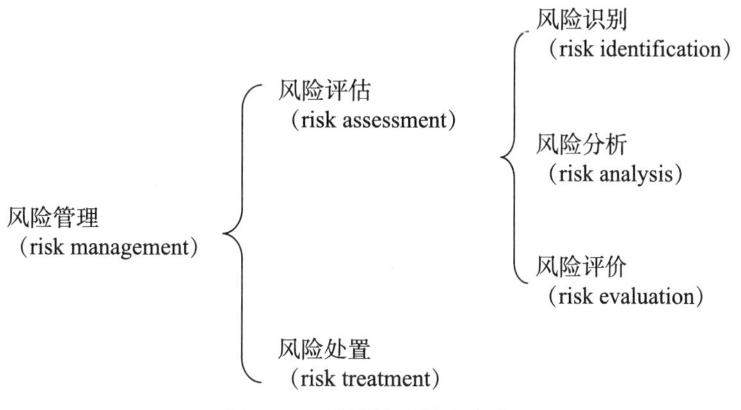

图2－7 风险管理基本步骤

那么既然连等级都可以定义，在设计风险评估方法时如何保证其客观性呢？

实际上，目前的风险评估方法是以定性为主，结果是相对的等级列表（rank），即其很重要的一个目的是在某个范围内找到风险大小的排序，而不是其绝对值。

这如同考试中的排名，判断一个学生相对成绩的好坏不在于其分数是3分（5分制）或者80分（百分制），而是在于其排名的前后程度。在全国的中学中进行统一的期末考试显然是不现实的，因此，这些考试只能在某些地区用统一的试卷，那么这些学生之间是可以进行比对的，而采用不同试卷（类似于风险评估的风险准则）的学生的绝对成绩的比对，没有实际的意义。这在现实生活中已经得到认可，例如，一个山东的中学生家长和一个北京的中学生家长在讨论成绩时，一般会表达为：在班里（在学校里，在全区等）排××名次，而不会直接比对学生的成绩。

这同时也要求，标准在一定范围和一定时间内必须是统一且稳定的，必须保证先有试题而后进行考试的排名。例如打靶，如果就是要得到枪法准确的人，用什么形状的靶子并不重要，但重要的是必须先定义好靶子，而不是先开枪，后画靶子。

综上所述，在设计风险评估方法时需要特别注意：

● 先定义风险评估的方法（包括风险准则），然后才能按照定义良好的方法进行风险评估；

● 不要把精力集中在某个参数等级的定义上，而应该将注意力集中于如何设计系统化的流程，以使得这种流程能够产生可再现和可比较的结果。

2.4.2.2 满足的条件

在设计风险评估方法时，应该至少满足下列条件：

满足ISO/IEC 27001：2013中所列出的要求，如表2－8所示。

注：楷体标识的文字为ISO/IEC 27001：2013原文节录，下文同。

表2-8 ISO/IEC 27001：2013关于风险评估部分

6.1应对风险和机会的措施——6.1.2信息安全风险评估 组织应定义并应用信息安全风险评估过程，以： a） 建立并维护信息安全风险准则，包括： 1） 风险接受准则； 2） 信息安全风险评估实施准则。 b） 确保反复的信息安全风险评估产生一致的、有效的和可比较的结果。 c） 识别信息安全风险： 1） 应用信息安全风险评估过程，以识别信息安全管理体系范围内与信息保密性、完整性和可用性损失有关的风险； 2） 识别风险责任人。 d） 分析信息安全风险： 1） 评估6.1.2 c）1）中所识别的风险发生后，可能导致的潜在后果； 2） 评估6.1.2 c）1）中所识别的风险实际发生的可能性； 3） 确定风险级别。 e） 评价信息安全风险： 1） 将风险分析结果与6.1.2 a）中建立的风险准则进行比较； 2） 为风险处置排序以分析风险的优先级。 组织应保留有关信息安全风险评估过程的文件化信息。
6.1应对风险和机会的措施——6.1.3信息安全风险处置 组织应定义并应用信息安全风险处置过程，以： a） 在考虑风险评估结果的基础上，选择适合的信息安全风险处置选项； b） 确定实现已选的信息安全风险处置选项所必需的所有控制； c） 将6.1.3b）确定的控制与附录A中的控制进行比较，并验证没有忽略必要的控制； d） 制定一个适用性声明，包含必要的控制及其选择的合理性说明（无论该控制是否已实现），以及对附录A控制删减的合理性说明； e） 制定正式的信息安全风险处置计划； f） 获得风险责任人对信息安全风险处置计划以及对信息安全残余风险的接受的批准。 组织应保留有关信息安全风险处置过程的文件化信息。
8运行——8.2信息安全风险评估 组织应考虑6.1.2a）所建立的准则，按计划的时间间隔，或当重大变更提出或发生时，执行信息安全风险评估。 组织应保留信息安全风险评估结果的文件化信息。
8运行——8.3信息安全风险处置 组织应实现信息安全风险处置计划。 组织应保留信息安全风险处置结果的文件化信息。

2.4.3 设计相关文件

在进行风险评估时，下列文件是ISO/IEC 27001：2013中所明确要求的必需文件，如表2-9所示。

表2-9 风险评估文件要求

6.1应对风险和机会的措施——6.1.2信息安全风险评估 组织应保留有关信息安全风险评估过程的文件化信息。
6.1应对风险和机会的措施——6.1.3信息安全风险处置 组织应保留有关信息安全风险处置过程的文件化信息。
8运行——8.2信息安全风险评估 组织应保留信息安全风险评估结果的文件化信息。
8运行——8.3信息安全风险处置 组织应保留信息安全风险处置结果的文件化信息。

因此，信息安全管理体系的文件一般在数量上没有严格限制，但是必须要覆盖35个控制目标，以下列出了风险评估中的重要文件清单，如表2-10所示。

表2-10 风险评估重要文件清单

文件名称	主要内容	备注
信息资产分类分级管理规定	定义信息资产的分类标准、按重要度的分级标准，是进行风险评估过程中对资产进行赋值的重要依据	A.8.2有要求，最好单列。也可合并到“风险评估程序”
风险评估方案	阐述风险评估的目标、范围、人员、评估方法、评估结果的形式和实施进度等	可合并到“风险评估报告”
风险评估程序	明确评估的目的、职责、过程、相关的文档要求，以及实施本次评估所有需要的各种资产、威胁、脆弱性识别和判断依据	必需文件
信息资产表	根据组织在风险评估程序文档中所确定的资产分类方法进行资产识别，形成资产识别清单，明确资产的责任人/部门	A.8.1.1有要求，最好单列。也可合并到“风险评估报告”

表 2－10（续）

文件名称	主要内容	备注
威胁列表	根据威胁识别和赋值的结果，形成威胁列表，包括威胁名称、种类、来源、动机及出现的频率等	非必需文件。 可合并到“风险评估报告”
脆弱性列表	根据脆弱性识别和赋值的结果，形成脆弱性列表，包括具体脆弱性的名称、描述、类型及严重程度	非必需文件。 可合并到“风险评估报告”
已有安全措施确认表	根据已采取的安全措施确认的结果，形成已有安全控制措施确认表，包括已有的安全措施的名称、类型、功能描述及实施结果等	可合并到“风险评估报告”
风险评估报告	对整个风险评估过程和结果进行总结，详细说明被评估对象、风险评估方法、资产、威胁、脆弱性的识别结果、风险分析、风险统计和结果等内容	必需文件
风险处置程序	明确风险处置的时间计划、责任划分、监督等要求，并按照此程序产生“风险处置计划”	非必需文件。可合并到“风险评估程序”
风险处置计划	对评估结果中不可接受的风险制定风险处置计划，选择适当的控制目标及安全措施，明确责任、进度、资源并通过对残余风险的评定以确定所选择安全措施的有效性	必需文件
风险评估表	根据风险评估程序，要求风险评估过程中的各种现场记录可复现评估过程，并作为产生歧义后解决问题的依据	非必需文件

2.5 典型风险评估文件的编写

本书的第 3 章将专门讨论文件编写，因此，在本章中不再详细说明文件编号和文件格式等要求，而仅仅给出文件示例。

2.5.1 信息资产分类分级标准

D 大都商行

信息资产分类/分级管理规定

编号：D^2CB/ISMS－2－GD007－2020	
密级：内部	
编制：宋新雨	年　月　日
审核：闫芳瑞	年　月　日
批准：柴璐	年　月　日
发布日期：	年　月　日
实施日期：	年　月　日
分发人：	分发号：
受控状态：　■受控	□非受控

大都商业银行

V1.0

版本及修订历史

版本	修订人	审核人	批准人	生效日期	备注
V1.0	宋新雨	闫芳瑞	柴璐	2020－07－14	新建

1 目的

为了对信息资产进行有效的管理、控制和保护，特制定本规定。

2 适用范围

本标准安全等级分类分级适用于对软件开发中心和信息技术部的所有信息资产。

3 规范性引用文件

4 术语和定义〔6〕

5 分类标准

〔6〕术语和定义本文略，下同。

5.1 信息分类分级[7]

信息资产按形式不同可以分为六类：数据资产、软件资产、硬件资产、人员资产、服务资产和其他资产。

根据各类信息资产在保密性（Confidentiality）、完整性（Integrity）和可用性（Availability）三个方面所表现出的重要程度，各划分为五个级别，对应取值范围从5到1（5为最重要，1为最不重要），详见附件1：信息资产分级标准图。最后根据资产的保密性、完整性和可用性的赋值进行资产价值的计算，计算公式为：$\log_2[(2^C+2^I+2^A)/3]$，其中C代表保密性的赋值，I代表完整性的赋值，A代表可用性的赋值，最后将结果四舍五入到最接近的整数。

信息技术的信息资产划分为3个级别，分别为：机密、内部公开和对外公开。

（1）机密是指为软件开发中心和信息技术部所有且不为公众所知悉，能为企业带来经济利益、具有实用性并经中央企业采取保密措施的经营信息和技术信息，主要包括：战略规划、管理方法、商业模式、改制上市、并购重组、产权交易、财务信息、投融资决策、产购销策略、资源储备、客户信息、招投标事项等经营信息；设计、程序、制作工艺、制作方法、技术诀窍等技术信息；还包括泄露后会给软件开发中心和信息技术部工作造成一定程度损害或被动的内部事项。

（2）内部公开是指限于软件开发中心和信息技术部内部范围内知晓和了解，泄露后会给软件开发中心和信息技术部工作造成轻微程度的损害或被动的内部事项。

（3）对外公开指可向社会公众和外界媒体公开的信息。

所有的雇员和第三方人员、供应商在终止任用、合同或协议时，应当归还他们使用的所有软件开发中心和信息技术部资产。

5.2 分类描述

（1）数据资产

以物理或电子的方式记录的数据，如文件资料、电子数据等。

文件资料类包括公文、合同、操作单、项目文档、记录、传真、财务报告、发展计划、应急预案、本部门产生的日常数据，以及各类外来流入文件等。

电子数据类如制度文件、管理办法、体系文件、技术方案及报告、工作记录、表单、配置文件、拓扑图、系统信息表、用户手册、数据库数据、操作和统计数据、开发过程中的源代码等。

（2）软件资产

软件开发中心和信息技术部信息处理设施（服务器，台式机，笔记本，存储设备等）上安装使用的各种软件，用于处理、存储或传输各类信息，包括系统软件、应用软件（有后台数据库并存储应用数据的软件系统）、工具软件（支持特定工作的软件工具）、桌面软件（日常办公所需的桌面软件包）等。例如：操作系统、数据库应用程序、网络软件、办

[7] A. 8. 2. 1“信息的分级”。

公应用系统、业务系统程序、软件开发工具等。

(3) 硬件资产

各种与业务相关的IT物理设备或使用的硬件设施，用于安装已识别的软件、存放有已识别的数据资产或对部门业务有支持作用。包括主机设备、存储设备、网络设备、安全设备、计算机外设、可移动设备、存储介质、布线系统等。

(4) 人员资产

各种对已识别的数据资产、软件资产和实物资产进行使用、操作和支持（也就是对业务有支持作用）的人员角色。如管理人员、业务操作人员、技术支持人员、开发人员、运行维护人员、保障人员、普通用户、外包人员、有合同约束的保安、清洁员等。

(5) 服务资产

各种以购买方式获取的，或者需要支持部门特别提供的、能够对其他已识别资产的操作起支持作用（即对业务有支持作用）的服务。如产品技术支持、运行维护服务、桌面帮助服务、内部基础服务、网络接入服务、安保（例如监控、门禁、保安等）、呼叫中心、监控、咨询审计、基础设施服务（供水、供热、供电）等。

(6) 其他资产

形象声誉、客户关系、知识产权、公信力、商标等。

5.3 信息资产处理和保护

所有用户都应该遵守软件开发中心和信息技术部信息安全策略和本管理规定相关要求，结合本部门的其他管理要求，采取对应的措施手段进行保护。详见附录2：信息资产处理与保护图。

在信息资产生命周期不同阶段，信息资产保密性（C）、完整性（I）、可用性（A）属性值会因各种原因发生变化，此时资产责任人及相关人员应按照新的属性值采取适当的处理和保护措施。

软件开发中心和信息技术部内部人员，必须按照附录2的要求，对电子文件和文档的密级正确地进行标注。

6 相关文件

7 附录

附录1：信息资产分级标准表

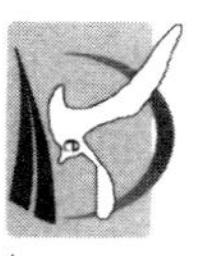

取值		取值标准描述					
		保密性 Confidentiality		完整性 Integrity		可用性 Availability	
		资产（非人员资产）	人员	资产（非人员资产）	人员	资产（非人员资产）	人员
5	很高	包含组织最重要的秘密，关系未来发展的前途命运，对组织根本利益有着决定性的影响，如果泄露会造成灾难性的损害	可以接触/存取商密各个级别的信息	完整性价值非常高，未经授权的修改或破坏会对组织造成重大的或无法接受的影响，对业务冲击重大，并可能造成严重的业务中断，难以弥补	如果该人员未正确执行其职务内容，将造成信息技术部和软件开发中心业务运作效率大幅度降低或停顿	可用性价值非常高，合法使用者对信息及信息系统的可用度达到年度99.9%以上，或系统不允许中断	如果要维持业务正常运作，可以容忍该人员所承担职务突然缺席不得超过1个工作日，否则会对信息技术部和软件开发中心业务造成影响
4	高	包含组织的重要秘密，其泄露会使组织的安全和利益受到严重损害	最高可以接触/存取到同级别的信息	完整性价值较高，未经授权的修改或破坏会对组织造成重大影响，对业务冲击严重，较难弥补	如果该人员未正确执行其职务内容，将造成部门/处室的业务运作效率明显降低或停顿	可用性价值较高，合法使用者对信息及信息系统的可用度达到每天90%以上，或系统允许中断时间小于10min	如果要维持业务正常运作，可以容忍该人员所承担职务突然缺席不得超过3个工作日
3	中	组织的一般性秘密，其泄露会使组织的安全和利益受到损害	只可以接触/存取一般性的秘密信息和内部使用信息	完整性价值中等，未经授权的修改或破坏会对组织造成影响，对业务冲击明显，但可以弥补	如果该人员未正确执行其职务内容，将造成相关工作任务效率小幅度降低或停顿	可用性价值中等，合法使用者对信息及信息系统的可用度在正常工作时间达到70%以上，或系统允许中断时间小于30min	如果要维持业务正常运作，可以容忍该人员所承担职务突然缺席超过3个工作日，但不能超过5个工作日

（续）

取值		取值标准描述					
		保密性 Confidentiality		完整性 Integrity		可用性 Availability	
		资产（非人员资产）	人员	资产（非人员资产）	人员	资产（非人员资产）	人员
2	低	仅能在组织内部或在组织内某一部门内公开的信息，向外扩散有可能对组织的利益造成轻微损害	只可以接触/存取内部使用和公开信息	完整性价值较低，未经授权的修改或破坏会对组织造成轻微影响，对业务冲击轻微，容易弥补	如果该人员未正确执行其职务内容，会对业务运作造成轻微影响	可用性价值较低，合法使用者对信息及信息系统的可用度在正常工作时间达到25%以上，或系统允许中断时间小于60min	如果要维持业务正常运作，可以容忍该人员所承担职务突然缺席超过5个工作日
1	很低	可对社会公开的信息，公用的信息处理设备和系统资源等	只可以接触/存取对外公开的信息	完整性价值非常低，未经授权的修改或破坏会对组织造成的影响可以忽略，对业务冲击可以忽略	如果该人员未正确执行其职务内容，基本不会对业务运作造成影响	可用性价值可以忽略，合法使用者对信息及信息系统的可用度在正常工作时间低于25%	如果该人员缺席，基本不会对业务正常运作造成影响

附录 2：信息资产处理与保护表

处理	密级		
	机密	内部公开	对外公开
电子/介质标注要求	需在文件封面及内页均应标注	需标注	无标注要求
访问	只能被信息技术部和软件开发中心内部或外部得到明确授权的人员访问	可以被信息技术部和软件开发中心内部或外部因为业务需要的人员访问	信息技术部和软件开发中心员工或因为业务需要的人员都可以访问
存储	电子类的应该妥善保存在设有安全控制的计算机系统内；硬拷贝应该妥善保管，严禁摆放在桌面；使用白板展示后应立即擦除	电子类的应该妥善保管，可以进行加密 纸质不应放在桌面	以恰当方式保存，避免被非授权人员看到
内部分发	经相关责任人批准后，密封分发，或以允许的电子分发形式进行安全的分发	以内部邮件形式发放，或直接进行硬拷贝分发	无限制
对外分发	经相关责任人批准后分发，需签署保密协议，需要进行登记	由相关责任人以邮件方式分发	以允许的分发方式分发

2.5.2 信息资产表（记录）

以下以网上银行系统资产清单为例，列举部分资产。

资产类别	资产名称	所处位置	资产拥有者	保密性	完整性	可用性	资产价值
硬件	核心交换机	机房-1	信息技术部	4	4	5	4
硬件	网银接入区防火墙	机房-1	信息技术部	3	3	4	3
硬件	WEB应用防火墙	机房-1	信息技术部	3	3	4	3
硬件	Power服务器	机房-1	信息技术部	3	3	4	3
硬件	磁带	机房-2	信息技术部	4	4	4	4
硬件	加密U盘	软件开发中心	信息技术部	3	3	3	3
软件	网上银行系统	机房-1	信息技术部	4	4	5	4
软件	Websphere应用中间件	机房-1	信息技术部	3	3	4	3
软件	Oracle数据库	机房-1	信息技术部	4	4	4	4
软件	Redhat linux操作系统	机房-1	信息技术部	3	3	4	3
数据	生产数据	机房-1、机房-2	信息技术部	5	5	5	5
数据	测试数据	机房-3	软件开发中心	2	2	2	2
数据	项目文档	网上银行开发室	软件开发中心	3	3	3	3
数据	源代码	网上银行开发室	软件开发中心	5	5	5	5
人员	外包开发人员	网上银行开发室	软件开发中心	3	3	3	3
人员	项目经理、技术经理	网上银行开发室	软件开发中心	4	4	4	4
服务	硬件维护服务	—	信息技术部	2	2	3	2
服务	软件维护服务	—	信息技术部	2	2	3	2
其他	知识产权	—	信息技术部	2	2	2	2
……	……	……	……	……	……	……	……

2.5.3 风险评估方案

信息安全风险评估计划（2020 年 4 月 13 日—2020 年 6 月 12 日）

序号	风险评估阶段描述	负责人				第三周							第四周							第五周							第六周						
		咨询公司	信息安全管理部门	信息技术部	软件开发中心	13	14	15	16	17	18	19	20	21	22	23	24	25	26	27	28	29	30	1	2	3	4	5	6	7	8	9	10
1	核心小组讨论会	◎	○			●																											
2	发放资产清单	◎	○			●																											
3	填写资产清单			○	○	→	→	→	●																								
4	资产调查表统计	○	○							→			●																				
5	前期信息安全文档编写	○	◎	○	○		→	→	→	→			→	→	→	●																	
6	发放威胁、脆弱性及控制措施调查表	◎	○							●																							
7	填写威胁、脆弱性及控制措施调查表			○	○								→	→	→	●																	
8	前期信息安全文档评审	◎	○														→			→	●												
9	统计并整理威胁和脆弱性	○	◎	○	○												→			→	●												
10	确认威胁和脆弱性	○	◎																			→	→	●									
11	前期文档发布		○																			→	●										
12	发放风险评估列表	◎	○																								●						
13	填写风险评估列表			○	○																						→	→	→	→	●		
14	风险评估列表评审	◎	○																														
15	填写风险处置计划		○																														
16	风险处置计划评审	◎	○																														
17	编写风险评估报告		○																														

序号	第七周							第八周							第九周							第十周						
	11	12	13	14	15	16	17	18	19	20	21	22	23	24	25	26	27	28	29	30	31	1	2	3	4	5	6	7
1																												
2																												
3																												
4																												
5																												
6																												
7																												
8																												
9																												
10																												
11																												
12																												
13																												
14	→	→	●																									
15				→	→			●																				
16								→	●																			
17								→	→	→	→				●													

（续）

序号	风险评估阶段描述	负责人				第三周							第四周							第五周							第六周							第七周							第八周							第九周							第十周						
		咨询公司	信息安全管理部门	信息技术部	软件开发中心	13	14	15	16	17	18	19	20	21	22	23	24	25	26	27	28	29	30	1	2	3	4	5	6	7	8	9	10	11	12	13	14	15	16	17	18	19	20	21	22	23	24	25	26	27	28	29	30	31	1	2	3	4	5	6	7
18	风险评估报告评审	◎	○																																													→	→	→	●									
19	风险管理阶段性成果汇报	◎	○																																																			→	→	→	→	●		

备注：1）风险评估阶段自 2020－04－13 起，2020－06－12 止；2）各个阶段存在并行进行的时间。

符号一览：→：开始时间；●：结束时间；○：负责人；◎主要负责人。

2.5.4 风险评估管理程序

D 大都商行

风险评估管理程序〔8〕

编号：D^2CB/ISMS-2-CX011-2020	
密级：内部	
编制：宋新雨	年　月　日
审核：闫芳瑞	年　月　日
批准：柴璐	年　月　日
发布日期：	年　月　日
实施日期：	年　月　日
分发人：	分发号：
受控状态：　■受控	□非受控

大都商业银行

V1.0

版本及修订历史

版本	修订人	审核人	批准人	生效日期	备注
V1.0	宋新雨	闫芳瑞	柴璐	2020-07-14	新建

〔8〕对应标准 GB/T 22080—2016/ISO/IEC 27001：2013《信息技术　安全技术　信息安全管理体系要求》正文 6.1 “应对风险和机会的措施”。

1 目的

本程序是对组织所持有的信息资产按 GB/T 22080—2016/ISO/IEC 27001：2013 标准的要求进行信息安全风险评估的指导性文件。

员工根据本风险评估程序理解风险评估的过程，完成在自己职责范围内的评估工作。本程序的运行结果产生信息安全风险评估报告。

2 适用范围

本程序适用于软件开发中心和信息技术部。

3 术语和定义

4 职责

(1) 信息安全管理委员会

- 负责批准风险评估程序；
- 负责领导风险评估工作，并确定评估结果；
- 负责提供风险评估所需的资源。

(2) 信息安全管理部门

- 负责制定风险评估程序；
- 负责对风险评估工作进行适当的解释和指导；
- 负责对风险评估工作的监督检查工作。

(3) 相关部门

- 负责指导本部门人员填写信息资产表；
- 负责实施风险评估工作。

5 风险评估程序

5.1 风险评估总体要求

信息资产风险评估过程为五个阶段：启动、信息资产分类分级、风险识别与评价、风险处置计划与实施、风险评估的持续改进。

按照 GB/T 22080—2016/ISO/IEC 27001：2013 标准，信息技术部和软件开发中心每年至少进行一次 GB/T 22080—2016/ISO/IEC 27001：2013 信息资产风险评估活动，由信息安全管理部门负责组织完成。信息资产风险评估活动中的具体实施活动，可以与该年度的内部或外部的安全检查、督查、审计活动结合进行，即：在内部或外部的安全检查、督查和审计活动中已经进行过安全评估的项，在 GB/T 22080—2016/ISO/IEC 27001：2013 信息资产风险评估的过程可以不再重复进行，风险评估的过程数据或结论可以直接引用等级保护测评、安全检查或审计的数据或结论。

5.2 启动风险评估

当出现重大事件可能影响到信息资产的安全或出现内外部的安全检查、督查需求时，信息安全管理部可组织和通知各部门安全员启动局部或全部的风险评估活动，重大事件包括但不限于以下事件：

(1) 有关法律法规及标准的最新要求。

（2）上级主管部门的最新要求或下达的安全检查督查要求。

（3）外部和内部客户的最新安全要求或提议时。

（4）业务活动出现涉及信息安全的重要变更时。

（5）信息资产的属性发生较大变化并影响到其CIA属性时。

（6）出现严重的安全事件并影响到信息资产的CIA属性时。

（7）信息安全管理体系的范围发生变化时。

（8）信息安全管理策略发生变化时。

应将发现或已发生并可能影响到信息资产安全或风险的各类事件及时通知本部门的信息安全管理员、协调人和部门负责人。

信息安全管理体系建设、运行情况也同时纳入信息资产风险评估的范畴之内，将其视为组织的其他资产，在风险评估活动中对体系的符合性和体系运行的有效性进行评估。

5.3 信息资产识别与评价

信息安全管理部门负责指导信息资产的识别、分类以及机密性（C）、完整性（I）和可用性（A）属性值的赋值工作，填写信息资产表。资产CIA属性赋值工作本质上为定性分级，具体的赋值标准见《信息资产分类分级标准》。

信息资产完成CIA属性赋值之后，根据赋值结果计算得到资产价值，从而判断出重要信息资产（资产价值取值大于或等于3的，定义为重要信息资产）。

在填写资产表的过程中，需充分考虑不同类别资产之间的关联性，保证不同类别资产的资产价值的一致性。

5.4 风险识别与评价

（1）识别并评价威胁：

威胁是可能对信息资产造成潜在损害并进而给组织带来损失的一组客观因素，威胁是客观存在的。

威胁从表现类型上又大致可分为信息系统威胁、人员活动威胁、物理环境威胁和自然威胁等几类，每一类中都包括许多常见的威胁形式。对于每项信息资产，尤其是重要的信息资产，均应考虑其可能遭受的外部威胁。

识别威胁源之后，应考虑到已有的控制措施对该威胁的实际控制效果，最终确定威胁发生的可能性等级，评价标准具体见附录1“威胁发生的可能性评价标准”。

（2）识别并评价弱点：

弱点是资产本身存在的某种缺陷或特性，当信息资产的弱点被威胁利用时，就可能导致信息资产被损害或破坏。

评估者需要基于特定信息资产所对应的威胁出发，找到可能被利用的弱点，并确定弱点被利用的严重性等级，评价标准见附录2“弱点可被利用的严重性评价标准”。

（3）识别已有控制措施：

已有控制措施是公司为防止发生信息安全事件，保护信息资产已采取的安全措施。

已有控制措施可以是管理方面的，也可以是技术方面的，用于降低威胁利用弱点的可能性或者降低信息安全事件影响性。评价标准见附录3“已有控制措施有效性评价标准”。

(4) 计算风险值确定风险等级：

对于识别出来的资产、威胁、弱点及已有控制措施，评价得出的重要信息资产价值、威胁可能性、弱点严重性及弱点被利用的难易程度、已有控制措施有效性，最终按照信息资产类别，统一记录在风险评估工具中。

信息资产的风险值（R）与信息资产价值（A）、威胁的可能性（T）、弱点的严重性（V）、弱点被利用的难易程度（L）有直接的关系，具体计算过程参见附录4“信息资产风险值计算公式”。

根据计算得出的风险值对风险级别进行判定，从低到高依次分为低、中、高和很高四个风险等级。其等级划分标准具体见附录5“信息资产风险级别划分标准”。

5.5 风险处置计划与实施

风险识别与评价完成后，应对所有风险项进行综合分析和确认，根据风险接受准则，确定需要列入风险处置计划的风险项。

风险接受准则为：

(1) 对于“很高”“高”等级的风险，原则上必须进行控制，列入风险处置计划。

(2) 对于“中”级别的风险，可经过内部讨论，经信息技术部和软件开发中心负责人审批之后，决定是否接受，将不可接受的风险列入风险处置计划。

(3) 对于“低”级别的风险，经信息技术部和软件开发中心负责人审批之后，作为可接受的风险，不作进一步处理。

其风险接受准则具体见附录6“风险接受准则”。

风险处置计划是根据风险的影响程度和业务的实际情况，对确定需要处置的风险所采取的一系列控制措施的说明，控制措施可以是技术方面的，也可以是管理方面的。风险处置的措施具体包括：

(1) 制定相应的信息安全管理策略或制度文件进行控制。

(2) 通过实施必要的技术措施或技术方案进行控制。

(3) 作为将来持续改善的方向，列入长期改善计划。

风险处置过程中风险控制措施的类型包括：风险消减、风险回避、风险转嫁和风险接受。

针对风险处置计划中确定的需要处置的每一项风险，选择实施相应的风险控制措施，以控制、削减、转嫁或接受该风险，必要时应制定相应的处置方案。风险处置计划应列出需要管控的风险相应的控制措施。

信息安全管理委员会应批准风险评估结果与风险处置计划：

(1) 信息安全管理部门应编写信息资产风险评估报告及风险处置计划，由信息安全主管领导审批相应文件。

(2) 信息安全管理部门应落实风险处置方案并跟踪风险处置情况的工作进展，完成相应风险评估和风险处置活动。

风险处置计划的实施和跟踪监督：

（1）在获得审批后应启动实施，信息安全管理部门应组织协调必要资源进行风险处置并及时评价残留风险，确保风险处置达到预期目标。

（2）风险处置活动开展后，信息安全管理部门应定期或者在管理评审会议前，将风险评估报告和风险处置计划、处置情况和残留风险信息汇总并分析，报信息安全主管领导进行审批。

评价残余风险：

（1）通常情况下，风险处置过程中选择实施了风险控制措施之后，需要再次评价对应的风险等级，判断残余风险是否符合可接受的水平。仍不能接受，则应再次重复风险处置过程（重新制定风险处置计划—实施处置方案—评价残留风险），直至残余风险符合风险可接受标准。此外，在风险接受准则的具体执行方面，允许存在一些特殊情况。

（2）当残余风险仍高于可接受水平时候，可以选择接受风险。原因包括：采取控制措施的成本过高，或伴随着风险可以带来显著收益，认为有必要接受残余风险。此类情况下应对风险接受标准进行修订。如无法及时修订，则应逐一明确说明可能存在的风险，给出具体的描述和违反正常风险接受准则的适当理由，并上报信息安全管理委员会审批。

（3）对每一项已符合可接受标准的残余风险或可接受的特殊情况应在风险处置计划中给出清晰、全面、具体的说明，便于对残余风险进行持续的闭环控制。

对于信息资产风险评估与处理采用的列表详见“信息资产风险评估表”和“风险处置计划”。

信息安全管理部门负责对风险评估和风险处置工作进行总结分析，将分析结果作为总体风险管理决策的依据，使信息安全管理委员会能够清楚地了解面临的整体信息安全风险和风险处置措施及实施计划。通常，该报告在体系管理评审会议上提交到副行长。

5.6 风险评估的持续改进

信息资产面临的风险是随着业务、技术的发展进步和环境的变化而不断变化的，为了确保风险评估及风险处置的有效性，应定期组织风险识别和评价，每年至少进行一次覆盖全部信息资产和信息安全管理体系自身的全范围风险评估。

对于列入国家等级保护的信息系统，根据国家有关等级保护的相关要求，不定期组织开展针对该信息资产的风险识别、评价和处置工作。

为了使全体员工了解并有效控制信息资产的风险，有效实施风险处置计划和方案，信息安全管理部门应组织相关培训，提升全员信息安全意识并了解风险评估概念和过程。

信息安全管理部门对风险评估、风险处置等风险管理各项具体工作提供指导。完成情况要进行审核检查（例如可结合内审进行检查）。

6 附录

附录1：威胁发生的可能性评价标准

等级	威胁可能性取值	可能性描述（威胁发生的频率）
很高	4	出现的频率很高（或不少于 1 次/周），或在大多数情况下几乎不可避免，或可以证实经常发生过
高	3	出现的频率较高（或不少于 1 次/月），或在大多数情况下很有可能会发生，或可以证实多次发生过
中等	2	出现的频率中等（或大于 1 次/半年），或在某种情况下可能会发生，或被证实曾经发生过
低	1	出现的频率较小，或一般不太可能发生，或没有被证实发生过

附录 2：弱点可被利用的严重性评价标准

等级	弱点严重性取值	严重性描述（弱点一旦被利用可能对资产造成的冲击）
很高	4	以下情况中的任意一种： 弱点没有丝毫控制和掩饰，资产可能完全失控。 一旦弱点被威胁利用，将造成立即停工，且难以恢复。 弱点被利用后将造成灾难后果，对资产造成重大损害
高	3	以下情况中的任意一种： 弱点比较明显，易造成资产部分失控。 一旦弱点被威胁利用，将导致相关工作中断，但半天内可以恢复。 弱点被利用后将造成重大后果，对资产造成重大损害
中等	2	以下情况中的任意一种： 弱点可以被发现，可能造成资产部分不可信。 一旦弱点被威胁利用，将造成工作延迟，无法以正常标准提供服务。 弱点被利用后将造成明显后果，对资产造成明显损害
低	1	以下情况中的任意一种： 弱点可以被发现，但资产仍基本可信。 一旦弱点被威胁利用，将造成工作效率降低，但所提供的服务不受影响。 弱点被利用后将造成次要的后果，对资产造成较小损害

附录3：已有控制措施有效性评价标准

已有措施有效性	等级	定义
4	非常有效	弱点很难被利用，对攻击者能力要求很高
3	较为有效	弱点较难被利用，对攻击者能力要求适中
2	效果一般	弱点相当容易被利用，对攻击者能力要求较低
1	效果不佳	弱点非常容易被利用，对攻击者能力要求很低

附录4：信息资产风险值计算公式

本规定使用如下公式计算风险造成的影响：

风险值=ROUNDUP（资产价值×弱点严重程度×威胁发生频率×（5-已有控制措施有效性），0）

附录5：信息资产风险级别划分标准

风险级别	风险值
很高	$260<R\leqslant 320$
高	$180<R\leqslant 260$
中	$100<R\leqslant 180$
低	$1\leqslant R\leqslant 100$

附录6：风险接受准则

风险级别	接受准则
很高	必须进行控制，列入风险处置计划
高	必须进行控制，列入风险处置计划
中	经过内部讨论，决定是否接受，将不可接受的风险列入风险处置计划
低	经负责人确认之后，作为可接受的风险，不作进一步处理

2.5.5 信息资产风险评估表

以下以网上银行系统的部分资产为例，进行风险评估。

风险编号	类别	资产名称	资产价值	威胁描述	威胁发生频率	弱点描述	弱点严重程度	已有安全措施	已有安全措施有效性	风险描述	风险值	风险等级	现有风险处置策略
YJR-001	硬件	核心交换机	4	设备故障	1	缺乏有效的维护	3	1. 购买原厂维保，要求厂商本地保存备件； 2. 智能网管中心实时监测设备运行情况； 3. 按季巡检、重要节假日巡检、保障等； 4. 网络架构设计冗余、设备冗余、线路冗余	3	网络设备和安全设备购买了原厂服务，每天有机房巡检人员对设备运行状态进行巡检，设备故障风险较低	24	低	接受
YJR-002				网络攻击	1	缺乏恶意代码/病毒防范机制	3	1. 网络边界部署下一代防火墙设备； 2. 采购漏洞扫描设备对网络设备漏洞进行扫描加固； 3. 制定了安全基线配置标准，部署基线核查系统进行基本配置安全加固	3	服务器上安装了防病毒软件，网络边界处部署了防火墙，带有防病毒模块，配置了安全基线，网络攻击可能性风险较低	24	低	接受

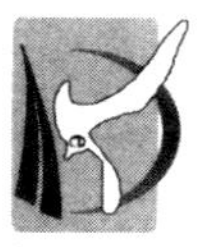

（续）

风险编号	类别	资产名称	资产价值	威胁描述	威胁发生频率	弱点描述	弱点严重程度	已有安全措施	已有安全措施有效性	风险描述	风险值	风险等级	现有风险处置策略
YJR－003	硬件	核心交换机	4	越权或滥用	1	缺乏实物资产的有效管控	2	1. 按照工作需要和最小授权原则分配权限； 2. 定期对网络账号和权限进行清理，去除无用账号或不合理权限； 3. 设备登录采用口令托管，系统有日志功能进行记录； 4. 通过堡垒机登录后操作，堡垒机有设备权限控	3	网络设备和安全设备运维通过堡垒机管控，堡垒机启用了双因素认证，进行了严格的权限划分，越权或滥用风险较低	16	低	接受
YJR－004				操作失误	3	缺乏有效的操作管理程序	3	1. 定期对设备账号和权限进行清理，去除无用账号或不合理权限； 2. 设备登录采用口令托管，系统有日志功能进行记录	2	重要操作未采用双人复核机制，且未定期对相关人员进行安全培训，操作失误的可能性较高	108	中	消减
YJR－005				管理不到位	1	缺乏明确的信息安全责任分配	2	1. 在人员招聘时进行适当的背景调查； 2. 对可以接触数据的人员进行限制； 3. 根据人员岗位授予不同权限 4. 对员工进行信息安全意识培训	2	员工招聘时进行背景调查，定期对相关岗位人员进行信息安全意识培训，岗位职责清晰，风险较低	24	低	接受

（续）

风险编号	类别	资产名称	资产价值	威胁描述	威胁发生频率	弱点描述	弱点严重程度	已有安全措施	已有安全措施有效性	风险描述	风险值	风险等级	现有风险处置策略
RJR－001	软件	Oracle数据库	4	操作失误	3	数据库参数配置错误	4	1. 建立了数据库安全配置基线，操作人员配置完成后，需要审核员确认后才能变更； 2. 购买了Oracle数据库原厂服务	3	Oracle数据库购买了原厂服务，参数的变更有严格的审批流程，发生软件故障的可能性较低	96	低	接受
RJR－002				数据库攻击	3	数据库安全补丁未及时更新	4	1. 网络层面部署了IPS、防火墙等安全设备； 2. 定期对数据库进行漏洞扫描	2	未对厂商发布数据库的安全补丁及时更新，被攻击者利用的可能性较高	144	中	消减
SJR－001	数据	生产数据	5	恶意篡改	2	缺乏变更管理程序	3	1. 根据工作需要建立逐级审核机制； 2. 在信息系统中按需分配权限； 3. 建立了数据安全使用操作规定	3	目前的控制措施已经有效地减低了“恶意篡改”威胁的发生，风险可控	60	低	接受
SJR－002				数据泄露	3	缺乏数据防泄露监控措施	3	1. 办公人员具备基本的职业技能； 2. 对员工进行信息安全意识培训； 3. 建立了数据安全使用操作规定	2	未部署数据防泄露设备，不能对数据的泄露拦截和监控，发生数据泄露的可能性较高	135	中	消减

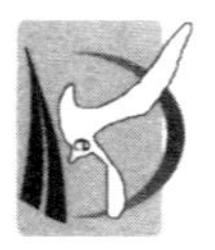

（续）

风险编号	类别	资产名称	资产价值	威胁描述	威胁发生频率	弱点描述	弱点严重程度	已有安全措施	已有安全措施有效性	风险描述	风险值	风险等级	现有风险处置策略
SJR－003	数据	生产数据	5	数据丢失	2	缺乏有效的备份	3	1. 建立了数据备份管理制度； 2. 建立了数据安全使用操作规定	3	目前的控制措施已经有效地减低了“数据丢失”威胁的发生，风险可控	60	低	接受
RYR－001	人员	外包开发人员	3	操作失误	3	缺乏工作责任心和应有的谨慎	3	1. 对所有岗位人员定期进行安全技能培训； 2. 将员工操作失误纳入员工考核	3	定期对所有岗位人员进行培训，将员工操作失误纳入员工考核，员工发生操作失误的可能性较低	54	低	接受
RYR－002				信息泄露	3	缺乏信息安全意识	3	1. 对员工进行保密培训； 2. 对员工进行安全意识培训和宣传，并与员工签订保密协议	3	定期对员工进行保密培训和信息安全意识培训，并签署了保密协议，信息泄露的可能性较低	54	低	接受
RYR－003				人员短缺	2	缺乏清晰的职责定义	3	在岗位设计时，重要岗位安排了相应的替代人员	3	重要岗位设置了A/B角，人员短缺的可能性较低	36	低	接受

（续）

风险编号	类别	资产名称	资产价值	威胁描述	威胁发生频率	弱点描述	弱点严重程度	已有安全措施	已有安全措施有效性	风险描述	风险值	风险等级	现有风险处置策略
FWR－001	服务	硬件维护服务	2	服务中断	2	供应商选择、协议签订或者评价机制不完善	3	1. 选择的供应商为内部专业公司，熟悉其经营情况； 2. 对供应商服务情况进行评价，采用投诉方式进行反馈； 3. 对供应商进行考核，以信息化绩效方式体现	3	定期对供应商进行考核评价，以信息化绩效方式体现，服务中断的风险较低	24	低	接受
……	……	……	……	……	……	……	……	……	……	……	……	……	……

2.5.6 风险评估报告

D 大都商行

风险评估报告

编号：D^2CB/ISMS－4－CX011－001	
密级：内部	
编制：宋新雨	年　月　日
审核：闫芳瑞	年　月　日
批准：柴璐	年　月　日

大都商业银行

V1.0

版本及修订历史

版本	修订人	审核人	批准人	备注
V1.0	宋新雨	闫芳瑞	柴璐	新建

第一部分　风险评估概述

1　评估目的

随着科技发展和金融电子化进程的不断推进，信息技术已成为我国金融行业健康发展的基础条件。尤其是近几年来金融科技的作用已开始由保障支撑业务为主向促进引领业务方向转变，并有力推动了我国金融创新能力和业务服务质量的改进和提高。然而新技术的引入带来了业务的变革与增长，同时也对传统的业务管理与风险控制带来了新的挑战。因此，为保障信息系统的安全、稳定运行，定期开展信息安全风险评估工作显得尤为重要。

风险评估是信息安全工作的重要组成部分，本次风险评估活动将通过对大都商业银行信息技术部和软件开发中心的各类信息资产进行评估，发现信息安全风险，并针对各风险点提出整改建议，为后续具体整改工作提供参考，最终提升大都商业银行信息技术部和软件开发中心的信息安全整体抗风险能力。

2 评估范围

本次风险评估活动针对大都商业银行信息技术部和软件开发中心的所有信息资产，包括硬件资产、软件资产、数据资产、服务资产、人员资产以及其他资产共6大类对象。

3 评估方法

本次风险评估活动依据“风险评估管理程序”具体进行。

第二部分 评估结果总结

评估结果表明，大都商业银行信息技术部和软件开发中心的信息资产面临的整体信息安全风险为中低，处于可控状态，具备了一定的信息安全风险管控能力。但是，在硬件资产、软件资产和数据资产管理方面还存在一些问题，需进一步细化管理，提升风险管控力度。详见“信息资产风险评估表”。

4 风险总体情况

从风险级别角度看，本次评估共涉及风险点500项，未发现很高风险项和高风险项，中风险项3项，低风险497项，中风险占比0.6%，处于低水平，大都商业银行信息技术部和软件开发中心整体信息安全风险在可控范围内。

各级别存在的风险数量及分布情况如图2-8所示。

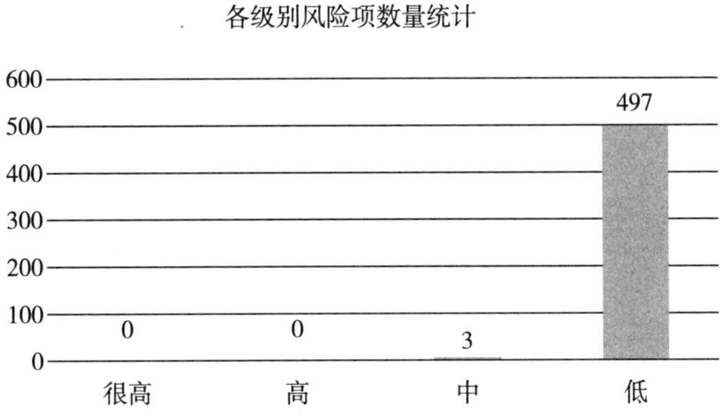

图2-8 各级别风险数量汇总图

从发现的中风险项分布状态看，大部分集中在硬件资产、软件资产和数据资产，表明信息技术部和软件开发中心在这类资产的管理上还比较薄弱。中风险在各资产中的分布情况如图2-9所示。

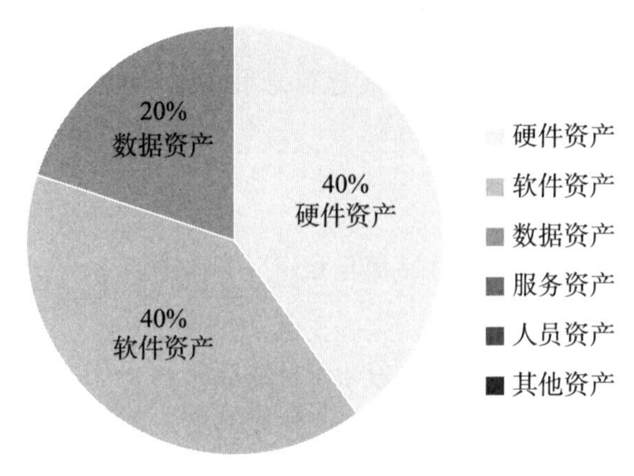

图2-9　中风险分布图

5　中风险描述

按照风险类别区分，本次评估发现的中风险项主要涉及3项，具体情况如下：

序号	风险编号	风险描述	风险等级	建议增加的安全措施
1	YJR-004	重要操作未采用双人复核机制，且未定期对相关人员进行安全培训，操作失误的可能性较高	中风险	建议部署运维审计系统，重要操作采用双人复核的机制
2	RJR-002	未对厂商发布数据库的安全补丁及时更新，被攻击者利用的可能性较高	中风险	建议及时对厂商发布的安全补丁进行更新或采用数据库防火墙的虚拟补丁
3	SJR-002	未部署数据防泄露设备，不能对数据的泄露拦截和监控，发生数据泄露的可能性较高	中风险	建议部署数据防泄露设备，增加对数据泄露的监控

第三部分　风险评估方法

6　资产识别与赋值

1）资产识别

资产识别是对信息资产进行分类、标识的过程，是风险评估的入口点。风险评估中资产的价值不是以资产的经济价值来衡量的，而是由资产的三个安全属性（机密性、完整性、可用性）决定的。

资产有多种表现形式，同样的两个资产也因属于不同的信息系统而重要性不同，而且对于提供多种业务的组织，其支持业务持续运行的系统数量可能更多。这时首先需要将信息系统及相关的资产进行恰当的分类，以此为基础进行下一步的风险评估。资产识别内容详见“信息资产表”。

2） 资产赋值

各个信息资产在机密性、完整性和可用性这三个不同方面的特性往往不同。安全属性的不同通常也意味着安全控制、保护功能需求的不同。通过考察三种不同安全属性，可以得出一个能够基本反映资产价值的数值。对信息资产进行赋值的目的是更好地反映资产的价值，以便于进一步考察资产相关的弱点、威胁和风险属性，并进行量化，资产取值参照下表：

取值	等级	取值标准描述					
		保密性 Confidentiality		完整性 Integrity		可用性 Availability	
		资产(非人员资产)	人员	资产(非人员资产)	人员	资产(非人员资产)	人员
5	很高	包含组织最重要的秘密，关系未来发展的前途命运，对组织根本利益有着决定性的影响，如果泄露会造成灾难性的损害	可以接触/存取商密各个级别的信息	完整性价值非常高，未经授权的修改或破坏会对组织造成重大的或无法接受的影响，对业务冲击重大，并可能造成严重的业务中断，难以弥补	如果该人员未正确执行其职务内容，将造成信息技术中心业务运作效率大幅度降低或停顿	可用性价值非常高，合法使用者对信息及信息系统的可用度达到年度 99.9% 以上，或系统不允许中断	如果要维持业务正常运作，可以容忍该人员所承担职务突然缺席不得超过 1 个工作日，否则会对信息技术中心业务造成影响
4	高	包含组织的重要秘密，其泄露会使组织的安全和利益受到严重损害	最高可以接触/存取到同级别的信息	完整性价值较高，未经授权的修改或破坏会对组织造成重大影响，对业务冲击严重，较难弥补	如果该人员未正确执行其职务内容，将造成部门/处室的业务运作效率明显降低或停顿	可用性价值较高，合法使用者对信息及信息系统的可用度达到每天 90% 以上，或系统允许中断时间小于 10min	如果要维持业务正常运作，可以容忍该人员所承担职务突然缺席不得超过 3 个工作日
3	中	组织的一般性秘密，其泄露会使组织的安全和利益受到损害	只可以接触/存取一般性的秘密信息和内部使用信息	完整性价值中等，未经授权的修改或破坏会对组织造成影响，对业务冲击明显，但可以弥补	如果该人员未正确执行其职务内容，将造成相关工作任务效率小幅度降低或停顿	可用性价值中等，合法使用者对信息及信息系统的可用度在正常工作时间达到 70% 以上，或系统允许中断时间小于 30min	如果要维持业务正常运作，可以容忍该人员所承担职务突然缺席超过 3 个工作日，但不能超过 5 个工作日

（续）

取值	等级	取值标准描述					
		保密性 Confidentiality		完整性 Integrity		可用性 Availability	
		资产（非人员资产）	人员	资产（非人员资产）	人员	资产（非人员资产）	人员
2	低	仅能在组织内部或在组织内某一部门内公开的信息，向外扩散有可能对组织的利益造成轻微损害	只可以接触/存取内部使用和公开信息	完整性价值较低，未经授权的修改或破坏会对组织造成轻微影响，对业务冲击轻微，容易弥补	如果该人员未正确执行其职务内容，会对业务运作造成轻微影响	可用性价值较低，合法使用者对信息及信息系统的可用度在正常工作时间达到25%以上，或系统允许中断时间小于60min	如果要维持业务正常运作，可以容忍该人员所承担职务突然缺席超过5个工作日
1	很低	可对社会公开的信息，公用的信息处理设备和系统资源等	只可以接触/存取对外公开的信息	完整性价值非常低，未经授权的修改或破坏会对组织造成的影响可以忽略，对业务冲击可以忽略	如果该人员未正确执行其职务内容，基本不会对业务运作造成影响	可用性价值可以忽略，合法使用者对信息及信息系统的可用度在正常工作时间低于25%	如果该人员缺席，基本不会对业务正常运作造成影响

7 威胁识别与赋值

1） 威胁识别

对安全威胁进行分类的方式多种多样，从威胁产生影响的表现方式来看，大都商业银行信息技术部和软件开发中心各类信息资产目前主要面临但不限于以下安全威胁种类（根据具体情况补充），威胁列表可参考下表：

分类	威胁源名称	说明
环境威胁	物理环境影响	对信号系统正常运行造成影响的物理环境问题和自然灾害，如断电、静电、灰尘、潮湿、温度、鼠蚁虫害、电磁干扰、洪灾、火灾、地震等
	软硬件故障	对业务实施或系统运行产生影响的设备硬件故障、通信链路中断、系统本身或软件缺陷等问题，如设备硬件故障、传输设备故障、存储媒体故障、系统软件故障、应用软件故障、数据库软件故障、开发环境故障等

（续）

分类	威胁源名称	说明
意外威胁	恶意代码和病毒	意外事件造成感染木马、病毒、蠕虫等
	未操作或误操作	应该执行而没有执行相应的操作，或无意执行了错误的操作
	法律诉讼/处罚	因违反法律法规、合同约定受到起诉/处罚
	负面舆论	因言论不当、危机事件处理不当等损害公司商誉
	受到侵权	法律、合同规定的权利受到侵害
	资质过期	公司运营所需的资质过期
	管理不到位	安全管理措施未落实或不到位，从而影响信息系统正常运行
人员威胁	实施网络攻击	为窃取秘密或破坏系统而实施的远程攻击
	植入恶意代码	黑客、政治间谍为窃取秘密或进一步发起攻击而恶意植入木马
	篡改	对生产数据进行篡改
	第三方威胁	第三方人员对系统进行非法/非授权操作
	实施物理破坏	通过物理的接触造成对方软件、硬件、数据的破坏，如对系统设备、存储介质恶意破坏，盗窃机房设备与设施
	社会工程	内、外部人员通过社会工程方式获得敏感数据
	未经授权使用软件/知识	使用未经许可的软件或知识
	未授权扫描	内部人员未授权地对系统网络、主机进行扫描
	实施网络攻击	分支机构员工出于好奇或意图破坏系统而对总部实施的网络攻击
	植入恶意代码	内部人员（包括分支机构）有意传播病毒，或向服务器上植入木马，破坏系统或窃取秘密
	篡改	内部人员为个人目的而篡改网页、财务、生产等重要数据
	发布违法信息	内部人员在公司内部，如网站、OA、邮件等系统发布或传播违法信息
	越权或滥用权限	内部人员使用所受权限进行非法操作
	未授权访问/未授权连接 Internet	未授权访问网络系统，使用未授权方式连接 Internet
	恶意破坏系统设施	对系统设备、存储介质等资产进行恶意破坏，盗割缆线、盗窃机房设备与设施等
	抵赖	不承认收到的信息和所作的操作和交易
	泄密	内部人员将系统敏感信息窃取、泄露给外部人员
	越权/滥用	用户越权、运维人员越权、第三方人员越权
	操作失误	用户端操作失误、运维人员操作失误、第三方操作失误等

（续）

分类	威胁源名称	说明
人员威胁	数据丢失	存储数据被覆盖、误删除、传输数据丢失、保存不完整、文档损毁等
	人员短缺	因人员疾病、意外死亡、离职、意外事件等使员工不在岗位上
	不可靠服务	购买的服务不可靠、技术不达标
	服务中断	网络服务、电力服务、物业服务、外协服务中断等

2） 威胁赋值

根据上述威胁类别在大都商业银行信息技术部和软件开发中心发生的可能性，体系项目组采用符合最佳实践的赋值标准，通过顾问的实际经验对威胁的可能性赋值。威胁可能性取1、2、3、4，分别对应威胁等级的低、中、高、很高。赋值标准参照下表：

威胁发生频率	等级	定义
4	很高	出现的频率很高（或≥1次/周）；或在大多数情况下几乎不可避免；或可以证实经常发生过
3	高	出现的频率较高（或≥1次/月）；或在大多数情况下很有可能会发生；或可以证实多次发生过
2	中	出现的频率中等（或> 1次/半年）；或在某种情况下可能会发生；或被证实曾经发生过
1	低	出现的频率较小；或一般不太可能发生；或没有被证实发生过；或仅可能在罕见和例外的情况下发生

8 弱点识别与赋值

1） 弱点识别

从弱点的表现方式来看，大都商业银行信息技术部和软件开发中心各类信息资产包括但不限于以下安全弱点种类（根据具体情况补充），弱点列表可参考下表：

资产分类	对应弱点名称
硬件资产	缺乏明确的信息安全责任分配
	缺乏对第三方人员的安全管理
	信息资产责任不清
	缺乏信息分类机制
	缺乏有效的离职控制

（续）

资产分类	对应弱点名称
硬件资产	缺乏安全区域划分
	缺乏有效的门禁系统
	管制区域出入管理不当
	缺乏对办公环境的安全管控
	缺乏实物资产的有效管控
	缺乏有效的设备/介质报废机制
	缺乏防水保护
	缺乏温度/湿度控制
	缺乏有效的电磁屏蔽
	缺乏防尘保护
	缺乏静电防护
	缺乏断电保护
	缺乏有效的维护
	缺乏冗余机制
	缺乏有效的操作管理程序
	对第三方服务缺乏评审监督和检查
	缺乏容量规划
	缺乏恶意代码/病毒防范机制
	缺乏移动计算机的使用管理
	缺乏对移动介质的安全管控
	缺乏终端的安全管理和准入机制
	缺乏充分的维护响应机制
	缺乏有效的安全事件管理机制
	缺乏风险评估和管理机制
	缺乏有效的审计机制
软件资产	缺乏信息安全方针
	信息安全方针贯彻不力
	缺乏明确的信息安全责任分配
	缺乏对第三方人员的安全管理
	信息资产责任不清
	缺乏信息分类机制

（续）

资产分类	对应弱点名称
软件资产	缺乏有效的转岗控制
	缺乏信息安全意识
	缺乏有效的操作管理程序
	缺乏对过程文件的集中控制
	缺乏变更管理程序
	对第三方服务缺乏评审监督和检查
	缺乏容量规划
	缺乏恶意代码/病毒防范机制
	缺乏网络接入和使用的安全管理
	缺乏移动计算机的使用管理
	缺乏对移动介质的安全管控
	缺乏软件分发管理机制
	对信息系统的监控不力
	缺乏有效的访问控制
	缺乏有效的用户权限管理机制
	用户账号缺乏安全管理
	口令设置脆弱
	缺乏有效的加密保护
	缺乏会话超时机制
	缺乏软件开发/采购安全保障机制
	程序设计漏洞
	缺乏漏洞管理机制
	配置不当
	缺乏认证授权机制
	缺乏密码控制及使用策略
	服务水平协议不当
	缺乏有效的安全事件管理机制
	缺乏对信息安全事件的记录
	缺乏完整的业务连续性计划立案（BCP）框架和落实机制
	缺乏风险评估和业务影响分析（BIA）
	缺乏重要系统的应急预案

（续）

资产分类	对应弱点名称
软件资产	未定期开展业务连续性演练和测试
	缺乏对相关法律法规的遵循
	缺乏有效的审计机制
	缺乏 ISMS 文件控制程序
	缺乏 ISMS 记录控制程序
数据资产	缺乏信息安全方针
	信息安全方针贯彻不力
	缺乏明确的信息安全责任分配
	缺乏对第三方人员的安全管理
	信息资产责任不清
	缺乏信息分类机制
	缺乏有效的保密协议
	缺乏清晰的职责定义
	缺乏有效的离职控制
	缺乏信息安全意识
	缺乏安全区域划分
	缺乏有效的门禁系统
	管制区域出入管理不当
	缺乏对办公环境的安全管控
	缺乏有效的设备/介质报废机制
	缺乏变更管理程序
	对第三方服务缺乏评审监督和检查
	缺乏恶意代码/病毒防范机制
	缺乏有效的备份
	缺乏网络接入和使用的安全管理
	缺乏移动计算机的使用管理
	缺乏对移动介质的安全管控
	缺乏终端的安全管理和准入机制
	缺乏电子邮件使用管理
	缺乏对文件打印/复印及分发的控制
	缺乏对信息交换的安全管理

（续）

资产分类	对应弱点名称
数据资产	缺乏软件分发管理机制
	对信息系统的监控不力
	缺乏有效的访问控制
	缺乏有效的用户权限管理机制
	用户账号缺乏安全管理
	缺乏有效的加密保护
	缺乏风险评估和管理机制
	缺乏对相关法律法规的遵循
	缺乏有效的审计机制
	缺乏 ISMS 文件控制程序
	缺乏 ISMS 记录控制程序
人员资产	缺乏信息安全方针
	信息安全方针贯彻不力
	缺乏有效的信息安全管理部门
	缺乏明确的信息安全责任分配
	缺乏对第三方人员的安全管理
	信息资产责任不清
	缺乏信息分类机制
	缺乏有效的背景检查
	缺乏有效的保密协议
	缺乏有效的转岗控制
	缺乏充分的技能
	缺乏有效的培训
	缺乏惩戒机制
	缺乏清晰的职责定义
	缺乏工作责任心和应有的谨慎
	缺乏有效的离职控制
	缺乏信息安全意识
	缺乏职责分离机制
	缺乏有效的备份
	缺乏对相关法律法规的遵循

（续）

资产分类	对应弱点名称
人员资产	缺乏有效的审计机制
	缺乏 ISMS 记录控制程序
服务资产	缺乏信息安全方针
	信息安全方针贯彻不力
	缺乏安全区域划分
	缺乏有效的门禁系统
	管制区域出入管理不当
	缺乏对办公环境的安全管控
	缺乏实物资产的有效管控
	缺乏有效的设备/介质报废机制
	缺乏有效的操作管理程序
	对第三方服务缺乏评审监督和检查
	缺乏对第三方人员的安全管理
	缺乏有效的备份
	缺乏移动计算机的使用管理
	缺乏对移动介质的安全管控
	缺乏电子邮件使用管理
	对信息系统的监控不力
	缺乏有效的访问控制
	缺乏有效的用户权限管理机制
其他资产	缺乏信息安全方针
	信息安全方针贯彻不力
	缺乏明确的信息安全责任分配
	缺乏对第三方人员的安全管理
	信息资产责任不清
	缺乏信息分类机制
	缺乏有效的保密协议
	缺乏清晰的职责定义
	缺乏有效的离职控制
	缺乏信息安全意识
	缺乏安全区域划分

（续）

资产分类	对应弱点名称
其他资产	缺乏有效的门禁系统
	管制区域出入管理不当
	缺乏对办公环境的安全管控
	缺乏有效的设备/介质报废机制
	缺乏变更管理程序
	对第三方服务缺乏评审监督和检查
	缺乏恶意代码/病毒防范机制
	缺乏有效的备份
	缺乏网络接入和使用的安全管理
	缺乏移动计算机的使用管理
	缺乏对移动介质的安全管控
	缺乏终端的安全管理和准入机制
	缺乏电子邮件使用管理
	缺乏对文件打印/复印及分发的控制
	缺乏对信息交换的安全管理
	缺乏软件分发管理机制
	对信息系统的监控不力
	缺乏有效的访问控制
	缺乏有效的用户权限管理机制
	用户账号缺乏安全管理
	缺乏有效的加密保护
	缺乏风险评估和管理机制
	缺乏对相关法律法规的遵循
	缺乏有效的审计机制
	缺乏 ISMS 文件控制程序
	缺乏 ISMS 记录控制程序

2）弱点赋值

弱点评估主要对该弱点被利用引发影响的严重性的评估，与影响密切相关。在业界大多数关于弱点的严重性定义中，都是指可能引发的影响的严重性，体系项目组定义的影响主要以业务方面为主，参考业界的最佳实践，将弱点严重性分为4个等级，分别是很高、高、中、低，分别赋值为4、3、2、1。赋值标准参照下表：

弱点严重程度	等级	定义
4	很高	以下情况中的任意一种： 在弱点没有丝毫控制和掩饰的情况下，资产可能完全失控。 一旦弱点被威胁利用，将造成立即停工，且难以恢复。 弱点被利用后将造成灾难后果，对资产造成重大损害
3	高	以下情况中的任意一种： 弱点比较明显，易造成资产部分失控。 一旦弱点被威胁利用，将导致相关工作中断，但半天内可以恢复。 弱点被利用后将造成重大后果，对资产造成重大损害
2	中	以下情况中的任意一种： 弱点可以被发现，可能造成资产部分不可信。 一旦弱点被威胁利用，将造成工作延迟，无法以正常标准提供服务。 弱点被利用后将造成明显后果，对资产造成明显损害
1	低	以下情况中的任意一种： 弱点可以被发现，但资产仍基本可信。 一旦弱点被威胁利用，将造成工作效率降低，但所提供的服务不受影响。 弱点被利用后将造成次要的后果，对资产造成较小损害

9 已有安全措施识别与赋值

1) 已有安全措施识别

已有控制措施是评价大都商业银行信息技术部和软件开发中心现有安全现状的总体概括，是体系项目组基于文档审阅、人员访谈、实地考察、技术调研等一系列活动得出的基本结论。已有安全措施可参考下表：

类别	已有控制措施描述
硬件资产	所有服务器均安装了杀毒软件，自动更新 采购漏洞扫描设备对主机漏洞进行扫描加固 安装了补丁统一管理软件，自动下发补丁安装 按需重启服务器设备，使补丁生效 制定了安全基线配置标准，部署基线核查系统进行检查加固 系统相关服务器安装企业版杀毒软件，并设置有病毒库持续更新机制

（续）

<table>
<tr><th>类别</th><th>已有控制措施描述</th></tr>
<tr><td rowspan="10">硬件资产</td><td>设备及线路接口采取了防电磁泄漏措施
机房设计时在墙壁中增加了防辐射措施
设备交付外部厂商维修前对设备存储进行处理
设备报废前对设备存储进行处理
系统密码等信息采用加密方式进行存储</td></tr>
<tr><td>网络边界部署负载均衡设备
网络边界部署下一代防火墙设备</td></tr>
<tr><td>采购漏洞扫描设备对主机漏洞进行扫描加固
制定了安全基线配置标准，部署基线核查系统进行检查加固</td></tr>
<tr><td>后台管理人员招聘时要求有专业技能
对后台管理人员定期安排专业技能培训
对第三方维护人员进行陪同操作</td></tr>
<tr><td>系统设备具备一定的日志记录功能
制定了网络设备的日志配置要求和保存时限要求
在发生信息安全事件时查看相关日志
遵循账号人员一一对应的策略</td></tr>
<tr><td>系统设备配置不允许随意修改，需要授权审批</td></tr>
<tr><td>办公设备均使用商用办公软件</td></tr>
<tr><td>所有办公电脑均安装了免费杀毒软件，自行查杀
办公电脑安装安全卫士等软件，自动更新补丁
制定了安全基线标准，人工进行检查加固</td></tr>
<tr><td>办公电脑开启日志功能
网络边界部署了上网行为管理设备
定期进行人工安全检查</td></tr>
<tr><td>设备交付外部厂商维修前对设备存储进行处理
办公电脑仅开设用户工作需要的账号
办公电脑对密码和屏保设置进行检查加固
办公电脑安装安全卫士等软件，自动更新补丁
制定了安全基线标准，人工进行检查加固
对员工进行安全意识培训
在设备用途变更及报废前对电脑做安全处理</td></tr>
</table>

（续）

类别	已有控制措施描述
硬件资产	相关数据保存在专用文件柜或办公桌中 使用专用打印机和其他信息输出设备 定期进行保密检查 对员工进行信息安全意识培训
软件资产	系统使用的服务器、数据库、中间件和应用软件具备日志记录功能 制定了基础软件的日志配置要求和保存时限要求 在发生信息安全事件时查看相关日志 遵循账号人员一一对应的策略，严格按照对应关系开设专用账号
	按照工作需要和最小授权原则分配权限 定期对系统账号和权限进行清理，去除无用账号或不合理权限 系统有日志功能进行记录，并定期安排人员审查 目前已按照账号权限授权管理流程要求设计有纸质流程
	采购漏洞扫描设备对网络设备漏洞进行扫描加固 制定了安全基线配置标准，部署基线核查系统进行基本配置安全加固
	系统设备制定了账号和权限申请、变更、锁定、注销等流程 定期对设备账号和权限进行清理，去除无用账号或不合理权限
	按照工作需要和最小授权原则分配权限 系统有日志功能进行记录，并定期安排人员审查
	后台管理人员招聘时要求有专业技能 对后台管理人员定期安排专业技能培训 对第三方维护人员进行陪同操作
	系统设备具备一定的日志记录功能 制定了网络设备的日志配置要求和保存时限要求 在发生信息安全事件时查看相关日志
	系统设备配置不允许随意修改，需要授权审批
	办公设备均使用商用办公软件
	通过各类信息系统和通信工具保留记录 对于纸质文件采用签字、盖章等方式防止抵赖 对员工进行信息安全意识培训
	相关数据保存在专用文件柜或办公桌中 使用专用打印机和其他信息输出设备 定期进行保密检查

（续）

类别	已有控制措施描述
数据资产	在人员招聘时进行适当的背景调查 对可以接触数据的人员进行限制 根据人员岗位授予不同权限
	办公人员具备基本的职业技能 对员工进行信息安全意识培训
	通过各类信息系统和通信工具保留记录 对于纸质文件采用签字、盖章等方式防止抵赖 对员工进行信息安全意识培训
	根据工作需要建立逐级审核机制 对于纸质文件采用签字、盖章等方式防止篡改 在信息系统中按需分配权限 对员工进行信息安全意识培训
	相关数据保存在专用文件柜或办公桌中 使用专用打印机和其他信息输出设备 定期进行保密检查
	进行年度数据归档工作，由专门公司负责管理
	建立了数据安全使用操作规程
	部署了数据防泄露工具
	建立了数据备份管理制度
人员资产	对所有岗位人员定期进行安全技能培训
	对员工进行保密培训 对员工进行安全意识培训和宣传 与员工签订保密协议
	对员工进行法律常识培训和宣传
	在岗位设计时重要岗位安排了相应的替代人员
	将员工操作失误纳入员工考核

（续）

类别	已有控制措施描述
服务资产	选择的供应商为内部专业公司，熟悉其经营情况 对供应商服务情况进行评价，采用投诉方式进行反馈 对供应商进行考核，以信息化绩效方式体现
	与供应商签订了相应合同，明确保密要求

2） 已有安全措施有效性赋值

已有安全措施有效性评估主要对该弱点是否容易被威胁利用。体系项目组定义的难易程度主要参考业界的最佳实践，将难易程度分为4个等级，分别是很高、高、中、低，分别赋值为4、3、2、1。赋值标准参照下表：

已有措施有效性	等级	定义
4	很高	措施非常有效，弱点很难被利用，对攻击者能力要求很高
3	高	措施较为有效，弱点较难被利用，对攻击者能力要求适中
2	中	措施效果一般，弱点相当容易被利用，对攻击者能力要求较低
1	低	措施效果不佳，弱点非常容易被利用，对攻击者能力要求很低

10 信息资产风险值计算公式

本规定使用如下公式计算风险造成的影响：

风险值＝ROUNDUP（资产价值×弱点严重程度×威胁发生频率×（5－已有控制措施有效性），0）

11 信息资产风险级别划分标准

风险级别	风险值
很高	$260<R\leqslant 320$
高	$180<R\leqslant 260$
中	$100<R\leqslant 180$
低	$1\leqslant R\leqslant 100$

2.5.7 风险处置计划

风险处置计划表

风险编号	资产名称	风险描述	风险级别	风险处置策略	处置计划	责任部门	责任人	计划完成时间	处置状态
YJR - 004	核心交换机	重要操作未采用双人复核机制，且未定期对相关人员进行安全培训，操作失误的可能性较高	中风险	消减	建议部署运维审计系统，重要操作采用双人复核的机制	信息技术部	张三	2020. 09. 30	未完成
RJR - 002	Oracle数据库	未对厂商发布数据库的安全补丁及时更新，被攻击者利用的可能性较高	中风险	消减	建议及时对厂商发布的安全补丁进行更新或采用数据库防火墙的虚拟补丁	信息技术部	李四	2020. 07. 31	未完成
SJR - 002	生产数据	未部署数据防泄露设备，不能对数据的泄露拦截和监控，发生数据泄露的可能性较高	中风险	消减	建议部署数据防泄露设备，增加对数据泄露的监控	信息技术部	王五	2020. 12. 30	未完成
……	……	……	……	……	……	……	……	……	……

Three

3 文件设计

3.1 设计文件层次

GB/T 22080—2016/ISO/IEC 27001：2013 明确提出对文件化的要求，如表 3－1 所示。

表 3－1 标准中对文件化的要求

4 组织环境——4.3 确定信息安全管理体系范围
该范围应形成文件化信息并可用。
5 领导——5.2 方针
信息安全方针应： e） 形成文件化信息并可用；
6 规划
6.1 应对风险和机会的措施 6.1.2 信息安全风险评估 组织应保留有关信息安全风险评估过程的文件化信息。 6.1.3 信息安全风险处置 组织应保留有关信息安全风险处置过程的文件化信息。 6.2 信息安全目标及其实现规划 组织应保留有关信息安全目标的文件化信息。
7 支持
7.2 能力 组织应： d） 保留适当的文件化信息作为能力的证据。 7.5 文件化信息 7.5.1 总则 组织的信息安全管理体系应包括： a） 本标准要求的文件化信息； b） 为信息安全管理体系的有效性，组织所确定的必要的文件化信息。

表 3-1（续）

7.5.2 创建和更新 创建和更新文件化信息时，组织应确保适当的： a） 标识和描述（例如标题、日期、作者或引用编号）； b） 格式（例如语言、软件版本、图表）和介质（例如纸质的、电子的）； c） 对适宜性和充分性的评审和批准。 7.5.3 文件化信息的控制 信息安全管理体系及本标准所要求的文件化信息应得到控制，以确保： a） 在需要的地点和时间，是可用的和适宜使用的； b） 得到充分的保护； 为控制文件化信息，使用时，组织应强调以下活动： c） 分发，访问，检索和使用； d） 存储和保护，包括保持可读性； e） 控制变更； f） 保留和处理。 组织确定的为规划和运行信息安全管理体系所必需的外来的文件化信息，应得到适当的识别并予以控制。
8 运行
8.1 运行规划和控制 组织应保持文件化信息达到必要的程度，以确保这些过程按计划得到执行。 8.2 信息安全风险评估 组织应保留信息安全风险评估结果的文件化信息。 8.3 信息安全风险处置 组织应保留信息安全风险处置结果的文件化信息。
9 绩效评价
9.1 监视、测量、分析和评价 组织应保留适当的文件化信息作为监视和测量结果的证据。 9.2 内部审核 组织应： g） 保留文件化信息作为审核方案和审核结果的证据。 9.3 管理评审 组织应保留文件化信息作为管理评审结果的证据。
10 改进——10.1 不符合及纠正措施
组织应保留文件化信息作为以下方面的证据： f） 不符合的性质及所采取的任何后续措施； g） 任何纠正措施的结果。

事实上，一个组织建立、维持和完善文件化的体系，本身就是实现规范化、标准化管理的一个重要标志。管理体系文件是一个总称，虽然标准并未对体系文件的结构提出具体

要求，但为便于管理，将管理体系文件划分纲领性文件（一级文件）、程序文件（二级文件）、作业文件（三级文件）和相关记录（四级文件）四个层次是合适的，见图 3-1。

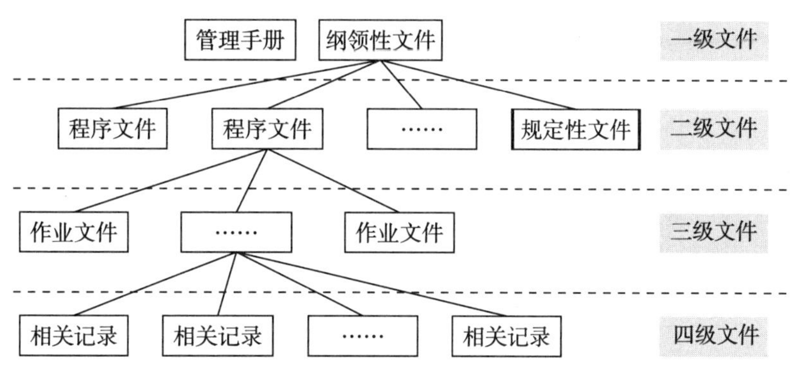

图 3-1　典型的管理体系文件层次

一级文件为纲领性文件，是描述组织的 ISMS 的整体要求、目标和架构的控制性、基础性文件。包括“信息安全管理手册”“信息安全策略”“信息安全管理体系职责”“适用性声明”“ISMS 术语与定义”5 个文件。

二级文件为程序、规定性文件。程序文件描述管理体系各个过程及涉及的部门活动，明确过程的输入、输出及相互作用；规定性文件描述各个部门的管理标准，包括信息安全管理体系设计安全域的各项规定。

三级文件为规范、指南及作业文件。企业的工作标准和技术标准可纳入本层次。

四级文件为相关记录。当这些通用格式的表格记录了活动的过程和结果，就成为记录。

管理体系文件性质与要求见表 3-2。

表 3-2　管理体系文件性质与要求

名称	文件内容	性质	使用者	要求
一级文件	按方针目标和适用的标准综合描述组织管理体系总体要求	纲领性	高层管理者、第二方、第三方	理解、实施、实现 有“法”可依 有“法”必依
二级文件	描述管理体系要素或过程。这类文件主要来自两部分：一部分是建立 PDCA 的框架，另外一部分来自附录的控制措施	支持性	职能部门	有章可循，有章必循
三级文件	技术性操作方法细节	规范性、证实性	操作者（岗位）	有据可查，有据必查
流程图	活动流向、职责	指导操作	操作者（岗位）	有据可查，有据必查
记录	阐明结果的证实性文件	可追溯性、证据	操作者（岗位）	有据可查，有据必查

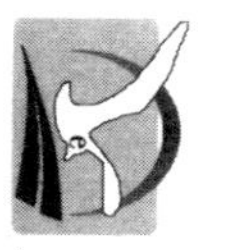

3.2 设计文件体系

3.2.1 文件清单

文件清单

序号	文件编号	文件名称	文件等级	管理部门	主要内容
1	D^2CB/ISMS－1－SC－2020	信息安全管理手册	一级	信息技术部	是对ISMS框架的整体描述，阐述组织怎样贯彻实施ISO/IEC 27001正文的每个条款
2	D^2CB/ISMS－1－CL－2020	信息安全策略	一级	信息技术部	根据组织整体业务目标制定信息安全策略
3	D^2CB/ISMS－1－ZZ－2020	信息安全管理体系职责	一级	信息技术部	对组织在信息安全方面各部门及人员的责任给予定义，通过清晰的责任界定以保证信息安全方针得到有效的贯彻，保证信息安全管理活动的有序进行
4	D^2CB/ISMS－1－SM－2020	适用性声明	一级	信息技术部	阐述ISO/IEC 27001附录A中每条条款的选择与否，若选择，则明确条款和文件的映射关系；若不选择，则阐述理由
5	D^2CB/ISMS－1－SY－2020	ISMS术语和定义	一级	信息技术部	ISMS体系文件涉及术语的定义，及组织内部与ISMS项目相关的术语定义
6	D^2CB/ISMS－2－CX001－2020	文件管理程序	二级	信息技术部	本文件规范了体系文件实施控制文件的分类、编号、编制、批准、发布、管理、修改、作废以及外来文件的控制
7	D^2CB/ISMS－2－CX002－2020	记录管理程序	二级	信息技术部	本文件规范了记录文件的编号、编制、控制、废弃、备份等内容

（续）

序号	文件编号	文件名称	文件等级	管理部门	主要内容
8	D^2CB/ISMS－2－CX003－2020	内部审核程序	二级	信息技术部	本文件是 ISMS 内部审核活动的程序文件，首先要进行审核前的准备，如编制审核计划、编制检查表等；实施审核后，输出不符合项报告及审核报告
9	D^2CB/ISMS－2－CX004－2020	管理评审程序	二级	信息技术部	本文件规范了 ISMS 管理评审活动程序，明确了管理评审的目的和作用，确定管理评审的输入材料及输出材料
10	D^2CB/ISMS－2－CX005－2020	信息安全测量与审计程序	二级	信息技术部	本文件制定了评价信息安全管理和实践的原则和程序，这些原则和程序将在组织内部定期执行，以评估信息安全管理体系有效性
11	D^2CB/ISMS－2－CX006－2020	信息标识与处理程序	二级	信息技术部	本文件内容包括信息分类、信息标识和对信息的具体处理时的管理程序（含传输、存储、删除、销毁、降级和脱密）
12	D^2CB/ISMS－2－CX007－2020	变更管理程序	二级	信息技术部	本文件规范了变更管理活动程序，包括变更申请、审批、制定变更方案回退计划等
13	D^2CB/ISMS－2－CX008－2020	恶意代码安全管理程序	二级	信息技术部	本文件规范了恶意代码管理过程
14	D^2CB/ISMS－2－CX009－2020	信息安全事件管理程序	二级	信息技术部	本文件规范了组织信息安全的事件管理程序，包括事件分类分级、响应、事件的调查处理、防止再发生的措施等
15	D^2CB/ISMS－2－CX010－2020	业务连续性管理程序	二级	信息技术部	本文件明确了公司业务连续性计划的原则、程序和要求。首先明确关键业务，并编写关键业务影响分析，制定备份和恢复计划
16	D^2CB/ISMS－2－CX011－2020	风险评估管理程序	二级	信息技术部	本文件规范了组织开展信息安全风险评估活动的标准，首先识别与评估资产，接着识别威胁、脆弱性和已实施控制措施，然后对可能性和影响进行评估，最后给出了风险的计算方法。组织风险评估过程正是基于此方法展开的

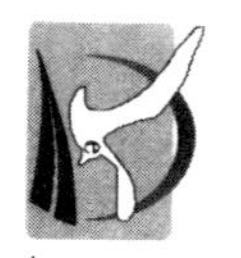

（续）

序号	文件编号	文件名称	文件等级	管理部门	主要内容
17	D^2CB/ISMS－2－GD001－2020	访问控制管理规定	二级	信息技术部	本文件规范了涉及组织信息安全管理体系的全体员工在访问控制方面的管理要求和方法
18	D^2CB/ISMS－2－GD002－2020	物理与环境安全管理规定	二级	信息技术部	本文件规范了重要区域包括门禁、环境等安全管理要求
19	D^2CB/ISMS－2－GD003－2020	介质安全管理规定	二级	信息技术部	本文规范了组织内部各类介质的申请、借用、使用、管理以及将介质带出组织时的管理要求和方法
20	D^2CB/ISMS－2－GD004－2020	网络安全管理规定	二级	信息技术部	本文规范网络安全管理要求，包括网络架构、网络区域划分、网络隔离、远程访问等
21	D^2CB/ISMS－2－GD005－2020	人力资源安全管理规定	二级	信息技术部	本文件规范了组织从人员申请、录用、培训、换岗、到离职、辞退等过程的管理方法
22	D^2CB/ISMS－2－GD006－2020	外包人员管理规定	二级	信息技术部	本文件规范了针对外包人员进场、入场、离场等过程的管理方法
23	D^2CB/ISMS－2－GD007－2020	信息资产分类分级管理规定	二级	信息技术部	对信息资产进行分类分级的指导性文件，文件中规范了组织内各类信息资产安全等级的分类、分级、内容和要求等，并要求组织内部信息资产按照文件进行分类分级
24	D^2CB/ISMS－2－GD008－2020	信息资产安全管理规定	二级	信息技术部	本文件规范了组织内部资产的管理规定，包括资产识别、使用、保管、归还和销毁
25	D^2CB/ISMS－2－GD009－2020	源代码安全管理规定	二级	信息技术部	本文件规范源代码管理要求，包括源代码的访问、保存等
26	D^2CB/ISMS－2－GD010－2020	法律法规符合性规定	二级	信息技术部	本文件明确了法律法规、合同符合性的管理要求

（续）

序号	文件编号	文件名称	文件等级	管理部门	主要内容
27	D^2CB/ISMS－2－GD011－2020	密钥管理规定	二级	信息技术部	本文件规范了密钥从生成到销毁的生命周期的管理要求
28	D^2CB/ISMS－2－GD012－2020	日常运行安全管理规定	二级	信息技术部	本文件规范了系统变更、日志等日常运行安全管理要求
29	D^2CB/ISMS－2－GD013－2020	信息系统开发安全管理规定	二级	信息技术部	本文件明确了信息系统开发相关安全控制要求，规范了信息系统获取、开发与维护过程中的职责定义与流程管理
30	D^2CB/ISMS－2－GD014－2020	数据备份管理规定	二级	信息技术部	本文规范了开展信息系统数据备份管理的实施标准，包括数据备份内容、方式、如何管理、恢复、测试及备份评估等内容
31	D^2CB/ISMS－2－GD015－2020	信息科技外包管理规定	二级	信息技术部	本文件规范了信息科技外包过程中针对供应商的相关管理要求
32	D^2CB/ISMS－3－ZN001－2020	员工培训管理指南	三级	信息技术部	本文件规范了如何对员工进行培训方面的内容
33	D^2CB/ISMS－3－ZN002－2020	机房管理指南	三级	信息技术部	本文件规范了组织管理机房的流程和方法
34	D^2CB/ISMS－3－ZN003－2020	数据备份操作指南	三级	信息技术部	本文件规范了组织内不同重要信息系统如何进行数据备份
35	D^2CB/ISMS－3－ZN004－2020	日志安全管理指南	三级	信息技术部	本文件规范了日志收集、使用、保存、审计等安全管理要求
36	D^2CB/ISMS－3－ZN005－2020	业务连续性计划编写指南	三级	信息技术部	本文件明确了各部门如何制定业务连续性计划
37	D^2CB/ISMS－3－ZN006－2020	信息安全奖惩管理指南	三级	信息技术部	本文件规范了对员工涉及信息安全活动时，进行奖励及惩罚的具体制度
38	D2CB/ISMS－3－SC001－2020	运维手册	三级	信息技术部	本文详细描述了系统运维过程中的操作步骤

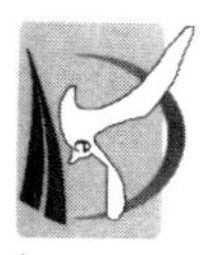

3.2.2 设计编写流程

文件推进计划（2020年6月8日—2020年7月5日）

序号	编号	文件列表	第10周							第11周							第12周							第13周						
			8	9	10	11	12	13	14	15	16	17	18	19	20	21	22	23	24	25	26	27	28	29	30	1	2	3	4	5
1	D^2CB/ISMS-1-SC-2020	信息安全管理手册	→	→		○				●																				
2	D^2CB/ISMS-1-CL-2020	信息安全策略	→	→		○				●																				
3	D^2CB/ISMS-1-ZZ-2020	信息安全管理体系职责	→	→		○				●																				
4	D^2CB/ISMS-1-SM-2020	适用性声明	→	→		○				●																				
5	D^2CB/ISMS-1-SY-2020	ISMS术语和定义	→	→		○				●																				
6	D^2CB/ISMS-2-CX001-2020	文件管理程序				→	→			○		●																		
7	D^2CB/ISMS-2-CX002-2020	记录管理程序				→	→			○		●																		
8	D^2CB/ISMS-2-CX003-2020	内部审核程序				→	→			○		●																		
9	D^2CB/ISMS-2-CX004-2020	管理评审程序				→	→			○		●																		
10	D^2CB/ISMS-2-CX005-2020	信息安全测量与审计程序				→	→			○		●																		
11	D^2CB/ISMS-2-CX006-2020	信息标识与处理程序				→	→			○		●																		
12	D^2CB/ISMS-2-CX007-2020	变更管理程序								→	→		○				●													
13	D^2CB/ISMS-2-CX008-2020	恶意代码安全管理程序								→	→		○				●													
14	D^2CB/ISMS-2-CX009-2020	信息安全事件管理程序								→	→		○				●													
15	D^2CB/ISMS-2-CX010-2020	业务连续性管理程序								→	→		○				●													
16	D^2CB/ISMS-2-CX011-2020	风险评估管理程序								→	→		○				●													
17	D^2CB/ISMS-2-GD001-2020	访问控制管理规定								→	→		○				●													
18	D^2CB/ISMS-2-GD002-2020	物理与环境安全管理规定										→	→				○		●											
19	D^2CB/ISMS-2-GD003-2020	介质安全管理规定										→	→				○		●											
20	D^2CB/ISMS-2-GD004-2020	网络安全管理规定										→	→				○		●											

（续）

序号	编号	文件列表	第10周							第11周							第12周							第13周						
			8	9	10	11	12	13	14	15	16	17	18	19	20	21	22	23	24	25	26	27	28	29	30	1	2	3	4	5
21	D^2CB/ISMS-2-GD005-2020	人力资源安全管理规定										→	→				○		●											
22	D^2CB/ISMS-2-GD006-2020	外包人员管理规定										→	→				○		●											
23	D^2CB/ISMS-2-GD007-2020	信息资产分类分级管理规定										→	→				○		●											
24	D^2CB/ISMS-2-GD008-2020	信息资产安全管理规定															→	→		○				●						
25	D^2CB/ISMS-2-GD009-2020	源代码安全管理规定															→	→		○				●						
26	D^2CB/ISMS-2-GD010-2020	法律法规符合性规定															→	→		○				●						
27	D^2CB/ISMS-2-GD011-2020	密钥管理规定															→	→		○				●						
28	D^2CB/ISMS-2-GD012-2020	日常运行安全管理规定															→	→		○				●						
29	D^2CB/ISMS-2-GD013-2020	信息系统开发安全管理规定																	→	→				○		●				
30	D^2CB/ISMS-2-GD014-2020	数据备份管理规定																	→	→				○		●				
31	D^2CB/ISMS-2-GD015-2020	信息科技外包管理规定																	→	→				○		●				
32	D^2CB/ISMS-3-ZN001-2020	员工培训管理指南																	→	→				○		●				
33	D^2CB/ISMS-3-ZN002-2020	机房管理指南																	→	→				○		●				
34	D^2CB/ISMS-3-ZN003-2020	数据备份操作指南																						→	→	○		●		
35	D^2CB/ISMS-3-ZN004-2020	日志安全管理指南																						→	→	○		●		
36	D^2CB/ISMS-3-ZN005-2020	业务连续性计划编写指南																						→	→	○		●		
37	D^2CB/ISMS-3-ZN006-2020	信息安全奖惩管理指南																						→	→	○		●		
38	D2CB/ISMS-3-SC001-2020	运维手册																						→	→	○		●		

→文档做成中；○ 信息安全战略推进组确认中（有效性审核）；● 咨询公司确认中（符合性审核）。

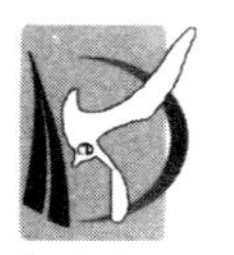

3.2.3 文件与标准映射

文件与标准映射

标准/控制措施条款	标准条款	解释与说明	涉及文件编号及名称	
			文件编号	文件名称
4	组织环境			
4.1	理解组织及其环境	了解组织实现 ISMS 内外部环境	D^2CB/ISMS-1-SC-2020	信息安全管理手册
4.2	理解相关方的需求和期望	建立 ISMS 要涵盖相关方的需求和期望	D^2CB/ISMS-1-SC-2020	信息安全管理手册
4.3	确定信息安全管理体系范围	明确 ISMS 的范围	D^2CB/ISMS-1-SC-2020	信息安全管理手册
4.4	信息安全管理体系	明确建立 ISMS 的要求	D^2CB/ISMS-1-SC-2020	信息安全管理手册
5	领导			
5.1	领导和承诺	明确 ISMS 的领导力和承诺	D^2CB/ISMS-1-SC-2020	信息安全管理手册
5.2	方针	明确信息安全方针	D^2CB/ISMS-1-SC-2020	信息安全管理手册
5.3	组织的角色、责任和权限	明确信息安全相关角色的责任和权限	D^2CB/ISMS-1-SC-2020	信息安全管理手册
			D^2CB/ISMS-1-ZZ-2020	信息安全管理体系职责
6	规划			
6.1	应对风险和机会的措施	规划应对风险和机会的相关措施	D^2CB/ISMS-1-SC-2020	信息安全管理手册
6.2	信息安全目标及其实现规划	规划和实现信息安全目标	D^2CB/ISMS-1-SC-2020	信息安全管理手册
7	支持			
7.1	资源	组织应提供建立、实施、保持和持续改进信息安全管理体系所需的资源	D^2CB/ISMS-1-SC-2020	信息安全管理手册
7.2	能力	确保信息安全管理体系相关的人员能够胜任其工作	D^2CB/ISMS-1-SC-2020	信息安全管理手册

（续）

标准/控制措施条款	标准条款	解释与说明	涉及文件编号及名称	
			文件编号	文件名称
7.3	意识	提升信息安全意识	D^2CB/ISMS－1－SC－2020	信息安全管理手册
7.4	沟通	建立与信息安全管理体系有关的内部和外部的沟通机制	D^2CB/ISMS－1－SC－2020	信息安全管理手册
7.5	文件化信息	提出体系文件化信息的要求	D^2CB/ISMS－1－SC－2020	信息安全管理手册
			D^2CB/ISMS－2－CX001－2020	文件管理程序
			D^2CB/ISMS－2－CX002－2020	记录管理程序
8	运行			
8.1	运行规划和控制	通过策划、实施和控制满足信息安全要求	D^2CB/ISMS－1－SC－2020	信息安全管理手册
8.2	信息安全风险评估	明确信息安全风险评估过程	D^2CB/ISMS－1－SC－2020	信息安全管理手册
			D^2CB/ISMS－2－CX011－2020	风险评估管理程序
8.3	信息安全风险处置	明确信息安全风险处置要求	D^2CB/ISMS－1－SC－2020	信息安全管理手册
9	绩效评价			
9.1	监视、测量、分析和评价	对信息安全管理体系运行情况进行绩效评价	D^2CB/ISMS－2－CX005－2020	信息安全测量与审计程序
			D^2CB/ISMS－1－SC－2020	信息安全管理手册
9.2	内部审核	规定内部审核的实施过程	D^2CB/ISMS－1－SC－2020	信息安全管理手册
			D^2CB/ISMS－2－CX003－2020	内部审核程序
9.3	管理评审	规定管理评审的实施过程	D^2CB/ISMS－1－SC－2020	信息安全管理手册
			D^2CB/ISMS－2－CX004－2020	管理评审程序

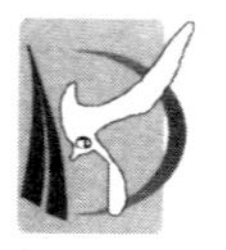

（续）

标准/控制措施条款	标准条款	解释与说明	涉及文件编号及名称	
			文件编号	文件名称
10	改进			
10.1	不符合及纠正措施	识别不符合采取措施控制并予以纠正	D^2CB/ISMS－1－SC－2020	信息安全管理手册
10.2	持续改进	持续改进 ISMS	D^2CB/ISMS－1－SC－2020	信息安全管理手册
附录				
A.5	信息安全策略			
A.5.1	信息安全管理指导			
A.5.1.1	信息安全策略	明确组织的信息安全策略	D^2CB/ISMS－1－CL－2020	信息安全策略
A.5.1.2	信息安全策略的评审	确保信息安全管理体系符合组织的信息安全策略和信息安全目标	D^2CB/ISMS－1－CL－2020	信息安全策略
			D^2CB/ISMS－2－CX005－2020	信息安全测量与审计程序
A.6	信息安全组织			
A.6.1	内部组织			
A.6.1.1	信息安全的角色和责任	对各个角色要赋予相应的安全职责	D^2CB/ISMS－1－CL－2020	信息安全策略
			D^2CB/ISMS－1－ZZ－2020	信息安全管理体系职责
A.6.1.2	职责分离	对各个角色进行职责分离	D^2CB/ISMS－2－GD001－2020	访问控制管理规定
A.6.1.3	与职能机构的联系	应保证能够与政府相关部门、特定利益团队及时取得联系，获得支持	D^2CB/ISMS－1－CL－2020	信息安全策略
A.6.1.4	与特定相关方的联系			
A.6.1.5	项目管理中的信息安全	应关注项目管理中的信息安全问题	D^2CB/ISMS－1－CL－2020	信息安全策略
A.6.2	移动设备和远程工作			
A.6.2.1	移动设备策略	应管理由于使用移动设备所带来的风险	D^2CB/ISMS－2－GD002－2020	物理与环境安全管理规定
			D^2CB/ISMS－2－GD003－2020	介质安全管理规定

（续）

标准/控制措施条款	标准条款	解释与说明	涉及文件编号及名称	
			文件编号	文件名称
A. 6. 2. 2	远程工作	保护在远程工作信息的安全	D^2CB/ISMS－2－GD001－2020	访问控制管理规定
			D^2CB/ISMS－2－GD004－2020	网络安全管理规定
A. 7	人力资源安全			
A. 7. 1	任用前	确保员工和合同方理解其责任，并适合角色	D^2CB/ISMS－2－GD005－2020	人力资源安全管理规定
			D^2CB/ISMS－2－GD006－2020	外包人员管理规定
A. 7. 2	任用中			
A. 7. 2. 1	管理责任	确保员工和合同方了解信息安全责任	D^2CB/ISMS－2－GD005－2020	人力资源安全管理规定
			D^2CB/ISMS－2－GD006－2020	外包人员管理规定
A. 7. 2. 2	信息安全意识、教育和培训	要不断提高人员安全意识，以降低安全风险	D^2CB/ISMS－3－ZN001－2020	员工培训管理指南
A. 7. 2. 3	违规处理过程	公正的奖惩制度能够提高人员工作积极性	D^2CB/ISMS－3－ZN006－2020	信息安全奖惩管理指南
A. 7. 3	任用的终止和变更			
A. 7. 3. 1	任用终止或变更的责任	在人员离职时要确保收回其访问权，防止信息泄露	D^2CB/ISMS－2－GD005－2020	人力资源安全管理规定
			D^2CB/ISMS－2－GD006－2020	外包人员管理规定
			D^2CB/ISMS－2－GD001－2020	访问控制管理规定
A. 8	资产管理			
A. 8. 1	有关资产的责任			
A. 8. 1. 1	资产清单	应清晰地识别组织的所有资产和资产所有者	D^2CB/ISMS－2－GD007－2020	信息资产分类分级管理规定
A. 8. 1. 2	资产的所属关系			

（续）

标准/控制措施条款	标准条款	解释与说明	涉及文件编号及名称	
			文件编号	文件名称
A. 8. 1. 3	资产的可接受使用	信息和信息处理设施有关的资产的使用允许规则	D^2CB/ISMS－2－GD008－2020	信息资产安全管理规定
A. 8. 1. 4	资产归还	任用、合同或协议终止时，应归还占用的组织资产		
A. 8. 2	信息分级			
A. 8. 2. 1	信息的分级	根据信息对组织的价值、法律要求、敏感性和关键性进行分类的规定	D^2CB/ISMS－2－GD007－2020	信息资产分类分级管理规定
A. 8. 2. 2	信息的标记	根据组织所采纳的分类机制建立的信息标记和处理程序	D^2CB/ISMS－2－CX006－2020	信息标识与处理程序
A. 8. 2. 3	资产的处理	按照资产分级方案进行资产处理	D^2CB/ISMS－2－GD008－2020	信息资产安全管理规定
A. 8. 3	介质处理			
A. 8. 3. 1	移动介质的管理	对介质进行安全管理，保护存储在介质中的信息	D^2CB/ISMS－2－GD003－2020	介质安全管理规定
A. 8. 3. 2	介质的处置			
A. 8. 3. 3	物理介质的转移			
A. 9	访问控制			
A. 9. 1	访问控制的业务要求	限制对信息和信息处理设施的访问	D^2CB/ISMS－2－GD001－2020	访问控制管理规定
A. 9. 2	用户访问管理			
A. 9. 3	用户责任			
A. 9. 4	系统和应用访问控制			
A. 9. 4. 5	程序源代码的访问控制	明确源代码访问要求	D^2CB/ISMS－2－GD009－2020	源代码安全管理规定

（续）

标准/控制措施条款	标准条款	解释与说明	涉及文件编号及名称	
			文件编号	文件名称
A. 10	密码			
A. 10. 1	密码控制			
A. 10. 1. 1	密码控制的使用策略	明确保护信息的密码控制使用策略	D^2CB/ISMS－2－GD010－2020	法律法规符合性规定
A. 10. 1. 2	密钥管理	对密钥进行全生命周期的安全管理	D^2CB/ISMS－2－GD011－2020	密钥管理规定
A. 11	物理和环境安全	本条款规范物理和环境安全应达到的要求	D^2CB/ISMS－2－GD002－2020	物理与环境安全管理规定
			D^2CB/ISMS－3－ZN002－2020	机房管理指南
A. 12	运行安全			
A. 12. 1	运行规程和责任			
A. 12. 1. 1	文件化的操作规程	制定操作规程	D^2CB/ISMS－2－GD012－2020	日常运行安全管理规定
			D^2CB/ISMS－3－SC001－2020	运维手册
A. 12. 1. 2	变更管理	对变更进行安全管理	D^2CB/ISMS－2－GD012－2020	日常运行安全管理规定
			D^2CB/ISMS－2－CX007－2020	变更管理程序
A. 12. 1. 3	容量管理	确保所需资源	D^2CB/ISMS－2－GD012－2020	日常运行安全管理规定
A. 12. 1. 4	开发、测试和运行环境的分离	应分离开发、测试和运行环境	D^2CB/ISMS－2－GD012－2020	日常运行安全管理规定
			D^2CB/ISMS－2－GD013－2020	信息系统开发安全管理规定
A. 12. 2	恶意软件防范	本条款着重指出了对恶意和移动代码防范的要求	D^2CB/ISMS－2－GD012－2020	日常运行安全管理规定
A. 12. 2. 1	恶意软件的控制		D^2CB/ISMS－2－CX008－2020	恶意代码安全管理程序
A. 12. 3	备份	制定备份策略并实施	D^2CB/ISMS－2－GD014－2020	数据备份管理规定
			D^2CB/ISMS－3－ZN003－2020	数据备份操作指南

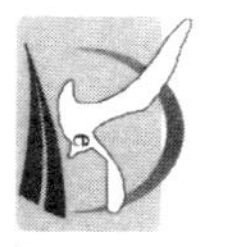

（续）

标准/控制措施条款	标准条款	解释与说明	涉及文件编号及名称	
			文件编号	文件名称
A. 12. 4	日志和监视	对日志进行安全管理	D^2CB/ISMS－2－GD012－2020	日常运行安全管理规定
			D^2CB/ISMS－3－ZN004－2020	日志安全管理指南
A. 12. 5	运行软件控制	控制运行系统的软件安装	D^2CB/ISMS－2－GD012－2020	日常运行安全管理规定
A. 12. 6	技术方面的脆弱性管理	本条款确保对技术脆弱性的控制，减少利用公开的技术弱点导致的风险	D^2CB/ISMS－2－GD012－2020	日常运行安全管理规定
A. 12. 7	信息系统审计的考虑	使审计活动对运行系统的影响最小化	D^2CB/ISMS－2－GD012－2020	日常运行安全管理规定
			D^2CB/ISMS－2－CX005－2020	信息安全测量与审计程序
A. 13	通信安全			
A. 13. 1	网络安全管理	确保网络中信息的安全性并保护支持性的基础设施	D^2CB/ISMS－2－GD004－2020	网络安全管理规定
A. 13. 2	信息传输	确保信息传输过程中的安全	D^2CB/ISMS－2－GD001－2020	访问控制管理规定
A. 13. 2. 4	保密或不泄露协议	应识别、定期评审相关个人或实体签署的保密性协议的要求	D^2CB/ISMS－2－CX005－2020	信息安全测量与审计程序
A. 14	系统获取、开发和维护			
A. 14. 1	信息系统的安全要求	本条款确保安全是信息系统的一个有机组成部分	D^2CB/ISMS－2－GD013－2020	信息系统开发安全管理规定
A. 14. 2	开发和支持过程中的安全			
A. 14. 3	测试数据			
A. 15	供应商关系			
A. 15. 1	供应商关系中的信息安全	针对外部各方应有相应管理规定	D^2CB/ISMS－2－GD015－2020	信息科技外包管理规定
A. 15. 2	供应商服务交付管理		D^2CB/ISMS－2－GD006－2020	外包人员管理规定

（续）

标准/控制措施条款	标准条款	解释与说明	涉及文件编号及名称	
			文件编号	文件名称
A. 16	信息安全事件管理			
A16. 1	信息安全事件	确保采用一致和有效的方法对信息安全事件进行管理	D^2CB/ISMS－2－CX009－2020	信息安全事件管理程序
A. 17	业务连续性管理的信息安全方面			
A. 17. 1	信息安全的连续性	防止业务活动中断，保护关键业务过程免受信息系统重大失误或灾难的影响，并确保它们的及时恢复	D^2CB/ISMS－2－CX010－2020	业务连续性管理程序
A. 17. 2	冗余		D^2CB/ISMS－3－ZN005－2020	业务连续性计划编写指南
A. 18	符合性			
A. 18. 1	符合法律和合同要求			
A. 18. 1. 1	适用的法律和合同要求的识别	避免违反与信息安全有关的法律、法规、规章或合同义务	D^2CB/ISMS－2－GD010－2020	法律法规符合性规定
A. 18. 1. 2	知识产权			
A. 18. 1. 3	记录的保护	对记录进行保护	D^2CB/ISMS－2－CX002－2020	记录管理程序
A. 18. 1. 4	隐私和个人可识别信息保护	确保隐私和个人信息得到保护	D^2CB/ISMS－2－GD010－2020	法律法规符合性规定
A. 18. 1. 5	密码控制规则	密码的使用应遵从相关的协议、法律和法规		
A. 18. 2	信息安全评审			
A. 18. 2. 1	信息安全的独立评审	保证信息安全能够独立评审，以示其公正性	D^2CB/ISMS－2－CX003－2020	内部审核程序
			D^2CB/ISMS－2－CX004－2020	管理评审程序
A. 18. 2. 2	符合安全策略和标准	本条款确保信息安全管理体系符合组织的安全策略和标准，并对审核要求作出管理规定	D^2CB/ISMS－2－CX005－2020	信息安全测量与审计程序
A. 18. 2. 3	技术符合性评审		D^2CB/ISMS－2－GD010－2020	法律法规符合性规定

3.3 设计文件格式

3.3.1 编写原则

管理体系文件是组织进行管理、策划和运作的基础性文件，是以多层次文件形式对管理体系的内容、运行准则进行充分的描述，其目的是使组织的管理手段和方法制度化、法规化，使各项管理活动有所遵循，从而提高组织的管理水平和管理效率。这无疑是一项具有动态的、高增值的活动，也是建立整合管理体系的目的所在。

1）符合性

编制管理体系文件应做到“两符合”，既要符合标准的所有要求，又要符合组织信息安全活动实践。标准是组织建立管理体系的依据，必须深刻理解标准条款的涵义，转化到体系文件中去，不要回避和遗漏，以反映文件的充分性。但是，由于标准的适用范围很广，标准本身只提出一些基本要求。而组织的情况千差万别，因此，组织应根据自身的信息安全管理情况和问题，来进行策划和实施，切忌文件一般化。

2）系统性

通过一定的结构形式，体现文件的系统性。它反映在文件与文件之间和上下左右关系，也反映在每一个文件内的章、条、段的层次安排上。

系统性的基本原则是：上层覆盖下层，下层支持上层。例如，二级文件是对一级文件的支持，三级文件是对二级文件的支持。一般情况下，下层文件不得违反上层文件的规定，下层文件应比上层次文件更具体。

3）协调性

文件与文件之间接口明晰，职责分清，协调有序，上下呼应，互不矛盾。同一层次文件之间或不同层次文件之间在职责、要求方面是否一致，上下层次文件是否连贯、衔接和对应。

4）规范性

文件结构统一，体例统一，格式规范，字号统一，编号明晰。

5）实用性

文件主题清晰、明确，内容针对性强，简明扼要，通俗易懂。内容与实际紧密结合。有关要求循序渐进，做不到的不可超前编入，切忌生搬硬套，要讲求文件的可操作性。

3.3.2 文件结构示例

文件结构示例如表 3-3 所示。

表 3-3 文件结构示例

程序文件结构
根据 GB/T 1.1—2020《标准化工作导则　第 1 部分：标准化文件的结构和起草规则》的有关要求，程序文件的结构可划分部分、章、条、段、列项、附录等层次。

表 3-3（续）

程序文件结构

部分：部分是一个文件划分出的第一层次。部分不应进一步细分为分部分。

章：章是文件层次划分的基本单元，用阿拉伯数字从 1 开始编号，每一章均应有章标题，并置于编号之后。

条：条是章的细分，用阿拉伯数字编号，需要时最大可分 5 层，如：

5.1

5.1.1

5.1.1.1

5.1.1.1.1

5.1.1.1.1.1

但一般不宜超过 3 层。应注意，一般情况下，同一层次中有两个以上的条才可设条。

条应给出标题。

段：段是章或条的细分，不编号，但不应出现悬置段，以避免引用此段时产生混淆。如：

1 标题

1.1 标题

××××××××××××××××××××××××
××××××××××××××××××××××××　— 悬置段

1.1.1 标题

××××××××××××××××××××××××
××××××××××××××××××××××××　] 非悬置段

1.1.2 标题

列项：列项是段中的子层次，用于强调细分的并列各项中的内容。列项由引语和被引出的并列的各项组成。具体形式有以下两种：

a） 后跟句号的完整句子引出后跟句号的各项。

b） 后跟冒号的文字引出后跟分号或逗号的各项。

列项可以进一步细分，细分一般不超过两层。

在列项的各项前标明列项符号或列项编号。列项符号为破折号（——）或间隔号（·）；列项编号为字母编号［即后带半圆括号的小写拉丁字母，如 a）、b）等］或数字编号［即后带半圆括号的阿拉伯数字，如 1）、2）等］。

一般在第一层次使用破折号，第二层次使用间隔号。列项中的各项若需识别或表明先后顺序，在第一层次使用字母编号。在使用字母编号的列项中，若需对某一项进一步细分，根据需要使用间隔号或数字编号。

如：

a）；

b）：

　1）；

　2）。

附录：附录为可选要素。

附录分为规范性附录和资料性附录。规范性附录与正文具有同等效力，必须执行。当正文规范性要素中的某些内容过长或属于附加条款，可将一些细节或附加条款移出，形成规范性附录。当文件中的示例、信息说明或数据等过多，可以将其移出，形成资料性附录。

资料性附录属参考性质。

附录以 A、B、C…编号。

3.3.3 文件格式示例

文件格式示例如表3－4所示。

表3－4 文件格式示例

程序文件格式
版面：采用A4幅面。 封面：组织标志、组织名称、文件名称、编号、版本号、受控状态、发布日期、实施日期、分发人、分发号。 目次：目次是可选要素。目次内容顺序是： ——章 ——条 ——附录 ——参考文献

3.3.4 正文内容示例

正文内容示例如表3－5所示。

表3－5 正文内容示例

程序文件正文内容
1）目的：目的是必备要素，阐明该程序的目的及意图。 2）适用范围：范围是必备要素，阐明该程序适用哪些过程、活动和部门，以及不适用的界限。 3）规范性引用文件：可选要素。需要时，引用国家、行业、地方标准及组织内部的体系文件。 4）术语和定义：可选要素。标准已定义的一般不再列入，根据需要可增加本企业常用或专有术语。 5）要求：为必备要素（除附录外），以下分： ● 职责：明确实施本程序的归口管理部门、人员、协作部门及其职责与相互关系。 ● 管理内容和方法：这是程序文件的主体。应按管理活动的逻辑顺序，一步一步描述活动的内容和应达到的要求中采取的措施和方法。明确输入、转换的各个环节的要点，叙述各个过程以及如何进行控制。必要时辅以流程图表说明。 ● 相关文件：列出与该程序文件相关的其他程序文件或作业指导书、操作规程、运行标准等支持性文件，以便于查询。 ● 相关记录：列出执行该程序的过程和结果应产生的记录名称、编号。 ● 管理流程图。 6）附录：可将记录表式样或其他应执行的要求或参考性资料作为附录，其中，属于强制执行的定为“规范性”，属于参考性质的定为“资料性”，用括号标明。

3.3.5 文件编号示例

文件编号示例如表 3－6 所示。

表 3－6 文件编号示例

文件的编号模式

1）文件编号

文件编号遵循通用、简明、易于识别的原则，通常以汉语拼音、拉丁字母、阿拉伯数字等来表征管理属性、企业代码、文件类别、文件顺序号和发布年份等。

a）一级文件（纲领性文件）

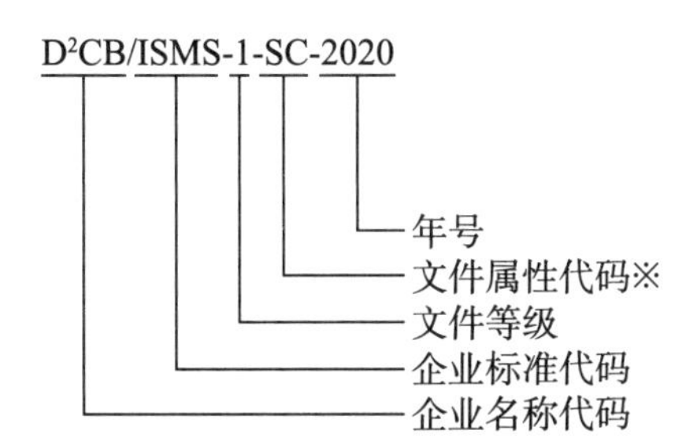

※文件属性代码：拼音缩写（如SC：手册）

b）二级文件（支持性文件）

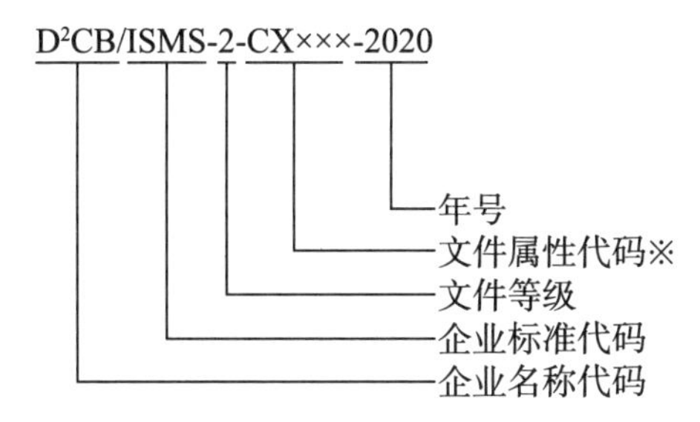

※文件属性代码：拼音缩写（如CX：程序、GD：规定）

文件编号×××：001~999

c）三级文件（规范性文件）

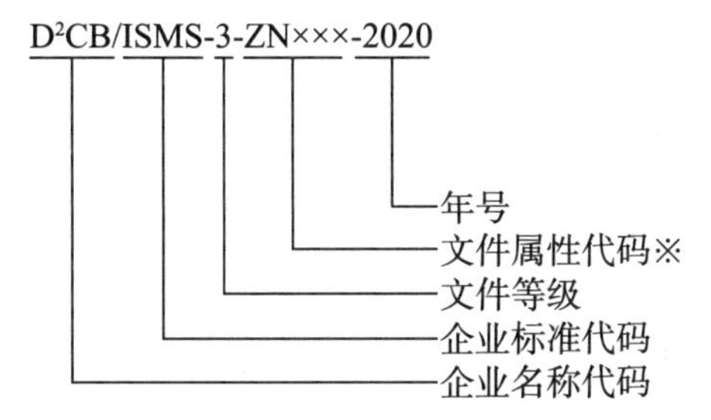

※文件属性代码：拼音缩写（如ZN：指南）

文件编号×××：001~999

表 3－6（续）

<table>
<tr><td>文件的编号模式</td></tr>
<tr><td>d）四级文件：记录表式（可附在程序文件或作业文件中）
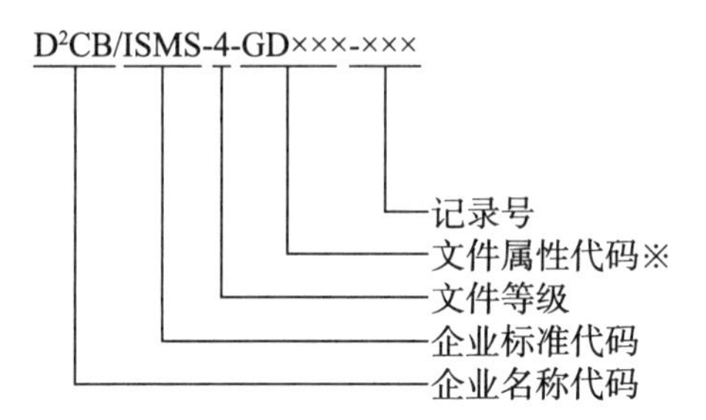

※文件属性代码：二级、三级文件的文件属性及编号

四级文件：记录顺序号
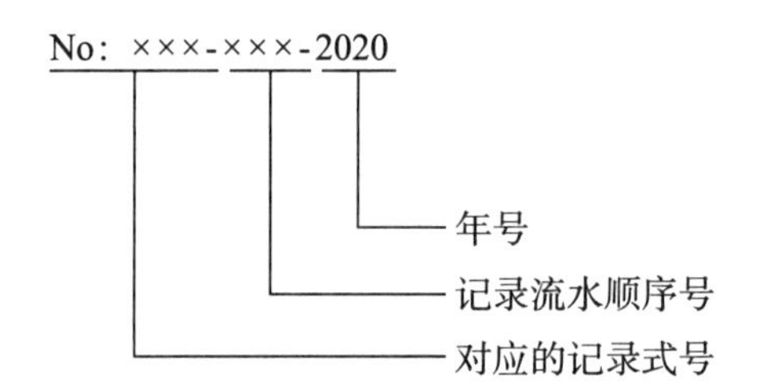
</td></tr>
<tr><td>记录表应有双编号，即“记录表式号”和“记录顺序号”。
● 记录表式号通常位于记录表格的左上方，亦可位于中部表名下。
● 记录顺序号位于记录表格的右上方，它反映部门或专业属性、流水顺序、年份。以大写拉丁字母表示部门或专业属性，由各企业自行规定；流水顺序号取三位阿拉伯数字，不满三位数在前面补“0”；年份取四位阿拉伯数。
● 日志性记录只在封面上标识表式编号，记录簿内以顺序页码区分，不再编号。
● 台账类记录按册进行顺序编号。
● 利用计算机进行管理的记录按系统软件程序规定编号。
● 当使用上级有统一编号的记录格式或各类报表，可不再对其编号，只在“记录清单”中注明文件名称及其版本号或年号。</td></tr>
</table>

3.3.6 字体字号示例

表 3－7 给出了管理体系文件字体字号，可供参考。

表3-7 管理体系文件字体字号

页别	文字内容	字号与字体
封面	标准名称	1号黑体
封面	企业名称	专用字（2号小标宋）
封面	发布日期、实施日期	4号黑体
目次	目次题/目次内容	3号黑体/5号宋体
前言	前言题/前言内容	3号黑体/5号宋体
正文首页文头	标准名称	3号黑体
各页	标准条文	5号宋体
各页	章、条编号和标题	5号黑体
各页	图题、表题	5号黑体
各页	图中注字/表中文字	6号宋体/小5号宋体
各页	页码	小5号宋体

Four

4 文件编写

4.1 典型文件编写（一）

一级文件包括“信息安全策略”“信息安全管理手册”“信息安全管理体系职责”“术语与定义”“适用性声明”五个文件。其中，“术语与定义”是对ISMS体系文件涉及术语的定义，及组织内部与ISMS项目相关的术语定义；“适用性声明”是阐述GB/T 22080—2016/ISO/IEC 27001：2013《信息技术　安全技术　信息安全管理体系　要求》附录A中每条条款的选择与否，及其原因、解释的声明。此处略去这两个文件的编写。

注：为了方便了解相关安全控制措施，文件脚注标识A.×××为GB/T 22080—2016/ISO/IEC 27001：2013《信息技术　安全技术　信息安全管理体系　要求》附录A中对应的条款名称，等保2.0×××对应标准GB/T 22239—2019《信息安全技术　网络安全等级保护基本要求》三级保护对应条款。

4.1.1 信息安全策略

D大都商行

信息安全策略〔9〕

编号：D^2CB/ISMS－1－CL－2020	
密级：内部	
编制：宋新雨	年　月　日
审核：闫芳瑞	年　月　日
批准：柴璐	年　月　日
发布日期：	年　月　日

〔9〕 A.5“信息安全策略”及等保2.0的8.1.6.1“安全策略”。

（续）

实施日期：	年 月 日
分发人：	分发号：
受控状态： ■受控	□非受控

大都商业银行

V1.0

版本及修订历史

版本	修订人	审核人	批准人	生效日期	备注
V1.0	宋新雨	闫芳瑞	柴璐	2020-07-14	新建

1 目的

为了对组织整体业务的信息安全活动进行指导，并表明组织管理层对信息安全的支持，特制定本策略。

2 适用范围

本策略适用于组织ISMS涉及的所有人员和组织的全部重要信息资产及过程。

3 引用文件

组织的“信息安全管理手册”。

4 术语和定义

5 职责

(1) 信息安全及信息科技风险管理者代表

负责信息安全及信息科技风险策略的审批，为信息技术部及软件开发中心信息安全及信息科技风险管理体系文件的推广与实施提供资源保证。

(2) 信息安全管理部门

负责解读和吸收外来文件制度并更新本策略；组织各部门及其他相关人员进行信息安全策略的落地、起草和更新相关管理制度和操作流程文件；监督各项信息安全管理制度在各部门的落实。

(3) 各部门负责人

执行信息安全策略及相关管理制度，制定本部门的实施细则并予以落实。

(4) 全体员工

理解并遵守信息安全策略和相关管理制度，并接受相关培训与教育。

6 内容

6.1 信息安全组织策略[10]

(1) 信息安全组织策略

● 策略目标：

建立信息安全管理组织，在内部实现信息安全的有效管理。

● 策略内容：

a） 定义信息安全管理或执行责任；

b） 无论是内部还是外部人员都应当按照“知所必需、最小权限”原则为其分配物理和逻辑访问权限；

c） 应当保持与银保监会及本地派出机构、人行及本地分行的联系，及时获取监管和主管的信息安全及信息科技风险管理规范；

d） 应当保持与分行的紧密联系，及时掌握其信息安全现状；

e） 实施的任何项目，应当将信息安全融入项目管理中。

(2) 移动设备和远程工作安全策略

● 策略目标：

远程工作时，应当保障人员、设备、存储介质和网络通信的物理和逻辑安全。

● 策略内容：

a） 应当通过意识教育、管理程序和技术措施降低使用移动设备的风险；

b） 应当保护一切敏感信息在远程设备、介质或站点内的处理、传输和储存的安全。

6.2 人力资源管理策略[11]

(1) 人员任用前信息安全策略

● 策略目标：

确保雇员、合同方人员有能力承担相应工作，并理解其工作安全职责。

● 策略内容：

a） 应当按照候选任用者的岗位性质、可访问的信息类别和存在的风险，依据法律法规和道德规范对其进行背景审查；

b） 应当在员工和合同方的合同协议中规定他们及其管理组织的信息安全责任。

(2) 人员任用中信息安全策略

● 策略目标：

确保所有的雇员和合同方意识到并履行了其信息安全责任。

● 策略内容：

a） 应当采用培训、宣传等方式保证所有雇员和第三方人员持续性地保持其工作能力和信息安全意识。确保他们在工作中对信息安全勤勉尽责。

b） 应当建立正式的处罚和激励机制，以便于处理安全违规人员，奖励安全勤勉人

[10] A.6“信息安全组织”。
[11] A.7“人力资源安全”。

员。减少信息安全及信息科技风险事件的发生。

(3) 人员任职终止或岗位变更的信息安全策略

● 策略目标：

确保人员任职终止或岗位变更时不能损害本行的利益和安全。

● 策略内容：

人员任职终止或岗位变更的处理流程应当保护本行的利益和安全。应当依据终止前岗位的性质，保持人员的信息安全责任具有相应期限的法律效用。

6.3 信息资产管理策略〔12〕

(1) 信息资产管理责任策略

● 策略目标：

应当实施并保持对信息资产的适当保护。

● 策略内容：

a） 应当对识别信息和信息处理设施相关的资产，编制并维护这些资产的清单；

b） 应当为信息资产的维护指定责任人；

c） 应当对信息及信息处理设施有关的信息资产制定恰当的使用规则文档并加以实施。

(2) 信息分类策略

● 策略目标：

应当根据信息对本行的重要性建立分级别的保护机制。

● 策略内容：

a） 信息应当按照法律要求、对组织的价值、敏感度和关键性得到适当保护；

b） 应当按照本行所采纳的分类机制建立和实施一组适合的信息标记规范；

c） 应当按照本行所采纳的分类机制建立和实施一组适合的信息处理规范；

d） 所有的雇员和第三方人员在终止任用、合同或协议时，应当归还他们使用的所有资产。

(3) 介质处理策略

● 策略目标：

保护存储在介质上的信息避免遭受未授权的泄露、修改、备份或销毁。

● 策略内容：

a） 应当根据本行所采用的信息分类方案来实施可移动介质管理程序；

b） 应当使用正式的程序，安全地处置报废的介质；

c） 包含信息的介质在运送时，应当采取保护措施预防非法访问、使用或损坏。

6.4 访问控制管理策略〔13〕

(1) 访问控制业务需求策略

● 策略目标：

---

〔12〕 A.8“资产管理”。

〔13〕 A.9“访问控制”。

信息与信息处理设施的访问应当与业务需求一致。

● 策略内容：

a） 应当制定访问控制策略文件，访问权限应当基于业务和安全要求进行评审；

b） 雇员或第三方人员只能访问经过授权的网络或网络服务。

（2）用户访问权限管理策略

● 策略目标：

确保被授权用户能访问系统和服务，并禁止一切未授权访问。

● 策略内容：

a） 应当通过正式的流程注册及注销用户访问权限；

b） 应当通过正式的流程为所有用户分配或撤销所有系统和服务的权限；

c） 应当更加严格地限制和控制特殊访问权限的分配及使用；

d） 应当通过正式的管理程序为用户分配身份鉴别用的秘密信息；

e） 信息资产所有者应当定期对用户的访问权限进行复查；

f） 所有雇员和第三方人员对信息和信息处理设施的访问权限应当在任职、合同或协议终止时删除，或在变更时调整；

g） 应当要求用户遵循本行的安全规定来使用身份鉴别信息，避免其泄露。

（3）系统和应用访问控制策略

● 策略目标：

保护系统和应用防止非授权的访问。

● 策略内容：

a） 应当依据访问控制策略控制信息和应用系统功能的访问；

b） 应当依据访问控制策略通过安全的登录程序实现对系统和应用的访问；

c） 口令管理系统应当具有反馈用户的交互特征以确保优质的口令；

d） 应当限制并严格控制可以绕过系统和应用访问控制的工具软件；

e） 应当控制访问程序源代码。

6.5 密码学管理策略[14]

● 策略目标：

确保使用了有效的密码技术来保护信息的机密性、真实性和完整性。

● 策略内容：

a） 当需要开发和实施密码技术以保护信息时，应当制定使用规范；

b） 当使用密码技术时，应当制定并实施一个贯穿全生命周期的密钥生成、使用、存储和销毁的管理规范。

---

〔14〕 A. 10“密码”。

6.6 物理与环境安全策略[15]

(1) 物理安全区域管理策略

● 策略目标：

防止对本行信息和信息处理设施的未授权物理访问、损坏和干扰。

● 策略内容：

a) 应当建立并使用安全边界来保护包含任何敏感或关键的信息和信息处理设施的安全区域；

b) 安全区域应当由入口控制保护，以确保只有授权的人员才允许访问；

c) 应当设计并实施物理安全措施保护办公室、房间和基础设施；

d) 应当设计并实施物理保护措施预防自然灾难、恶意攻击或事故；

e) 应当设计并实施在安全区域内工作的规范；

f) 应当控制未授权人员可以访问的区域（例如交接区、卸货区），这些区域应当与信息处理设施隔离，以预防非法访问。

(2) 设备安全策略

● 策略目标：

防止资产的丢失、损坏、失窃而中断本行的运营。

● 策略内容：

a) 应当谨慎安放并保护设备，降低由环境威胁和破坏而导致的风险以及未授权访问的机会；

b) 应当保护设备的基础设施的安全，预防电源故障或其他中断；

c) 应当保护电力和通信线路，预防传输数据或支持控制信号被窃听、干扰或损坏；

d) 应当正确地维护设备，确保其持续的可用和完整；

e) 设备、信息或软件在授权之前不能带出本行场所；

f) 应当评估在外部场所工作的设备风险并采取安全保护措施；

g) 报废或重用设备之前，应当验证其包含数据的一切部件，确保设备内的敏感信息和授权软件已被清洗或写覆盖；

h) 应当保护无人值守的设备的物理安全；

i) 信息处理设备在自动运行下，应当保证工作台面没有纸张和移动存储介质，关闭一切屏幕信息。

6.7 运行安全策略[16]

(1) 运行规程和责任管理策略

● 策略目标：

确保正确、安全地操作信息处理设施。

---

〔15〕 A. 11“物理和环境安全”。

〔16〕 A. 12“运行安全”。

● 策略内容：

a） 应当制定书面的操作程序文件并向所有需要的用户分发；

b） 对组织、业务流程、信息处理设施和系统的变更应当控制其对信息安全的影响；

c） 应当监视、调整对资源的使用，规划未来容量需求，以确保资源满足性能需求；

d） 应当隔离开发、测试和运行环境，以减少未授权访问或改变运行系统的风险。

（2）软件安全控制策略

● 策略目标：

保障软件的完整性和运行的健壮性。

● 策略内容：

a） 应当通过检测、预防和恢复的技术措施并结合用户意识教育，预防恶意软件；

b） 应当通过管理程序来控制在运行系统上安装软件；

c） 应当及时识别信息系统的技术脆弱性，评价技术脆弱性的暴露程度，并采取适当的措施来控制相关的风险；

d） 应当通过技术手段监测和防范计算机病毒、网络入侵和网络攻击等恶意行为，并通过记录和分析制定加固方案，提高系统的安全性；

e） 应当建立并实施用户自行安装软件的控制规范；

f） 涉及对运行系统的审计要求和活动，应当谨慎规划并取得批准，以便最小化业务过程中断的风险。

（3）系统数据保护和事件管理策略

● 策略目标：

防止系统数据丢失并可跟踪系统事件。

● 策略内容：

a） 应当制定系统的备份策略，并定期备份和测试数据、软件和系统镜像的完整性；

b） 应当产生并保持记录用户活动、异常情况、故障和信息安全事态的审计日志，并定期对日志进行评审；

c） 应当保护日志设备和日志信息，防止篡改和未授权的访问；

d） 应当记录系统管理员和系统操作员活动日志，并对其进行保护和定期评审；

e） 应当对重要信息系统的信息数据实现异地备份处理，提高容灾安全；

f） 本行所有信息处理设施的时钟应当同步到单一基准时间源；

g） 网络安全相关日志要至少保存6个月，系统日志要至少保存1年，交易日志要按照国家会计准则要求予以保存。

6.8 通信安全策略〔17〕

（1）网络安全管理策略

● 策略目标：

〔17〕 A.13“通信安全”。

保护网络及信息处理设施中的信息。

● 策略内容：

a） 应当管理和控制网络，以保护其上系统及应用中的信息；

b） 所有的网络服务协议中应当明确包括安全机制、服务水平和管理要求，无论这些服务是内部的还是外包的；

c） 应当在网络中隔离不同安全级别的信息服务、用户和信息系统组。

（2）信息传输安全策略

● 策略目标：

保障信息在内部或与外部传输时的安全。

● 策略内容：

a） 应当建立正式的交换策略、程序和措施，以保护通过各种通信设施的信息交换；

b） 本行与外部组织之间的业务协议应当考虑业务信息的传输安全；

c） 应当在电子消息中保护可能的敏感信息；

d） 应当识别并定期评审对信息保密的要求，并通过保密协议进行约束。

6.9 系统获取、开发与维护策略[18]

（1）信息系统安全需求管理策略

● 策略目标：

确保信息安全成为信息系统生命周期的组成部分，包括向公共网络提供服务的信息系统的特定安全要求。

● 策略内容：

a） 应当在新建信息系统或改进的信息系统的需求中包括信息安全相关的需求；

b） 应在规划设计阶段，按照国家和金融行业网络安全等级保护有关标准规范，准确拟定辖内网络安全保护等级，并按照有关规定适时组织专家评审和定级备案；

c） 应当将网络安全等级保护中的三级及以上系统列为关键信息基础设施，参照国家法律及监管标准实现业务稳定及持续运行要求；

d） 应当保护应用服务中通过公共网络传输的信息，以防止欺诈活动、合同纠纷、未授权的泄露和修改；

e） 应当保护应用服务（含微信公众号）中的信息，以防止不完整传输、错误路径、未授权的信息篡改、未授权的泄露、未授权的信息复制或重放，并履行审查、审批和备案工作；

f） 新增软硬件基础设施的，应提出支持IPv6协议的具体需求；新开发的面向公众服务的互联网应用系统，应实现支持IPv4/IPv6双栈连接功能；在IPv4/IPv6双栈连

[18] A.14“系统获取、开发和维护”。

接情况下，优先采用IPv6连接访问[19]；

g） 应当在面向客户的业务系统界面中提供投诉举报方式，并完善相应的受理机制。

（2）开发过程安全管理策略

● 策略目标：

确保在信息系统开发生命周期内设计并实施了信息安全。

● 策略内容：

a） 应当在内部建立并执行软件和系统的开发规则；

b） 应当通过正式的变更控制程序来控制开发生命周期内的系统变更；

c） 当运行平台发生变化时，应当对业务的关键应用进行评审和测试，以确保对组织的运行或安全没有负面影响；

d） 应当只允许对软件包进行必要的修改，且要严格控制修改过程；

e） 应当制定书面的开发系统安全原则，并应用到任何信息系统开发中；

f） 应当在整个系统开发生命周期内，建立系统开发或系统集成的安全开发环境；

g） 应当监督和检查外包系统开发活动；

h） 应当在开发过程中进行安全功能测试；

i） 互联网相关全部域名解析设备应能支持IPv4/IPv6双栈技术，同时具有IPv4/IPv6访问地址；面向公众服务的互联网应用系统，应支持IPv6连接访问，并在首页标示该应用已支持IPv6；

j） 对新建系统、系统更新、版本升级等开发，都应当制定验收测试程序和其他相关标准；

k） 应当谨慎地选择、保护和控制测试数据。

6.10 供应商安全策略[20]

（1）供应商关系安全管理策略

● 策略目标：

确保本行可被供应商访问的信息的安全。

● 策略内容：

a） 应当与供应商签订信息安全要求协议，从而降低供应商访问本行资产时的风险；

b） 应当与每个可能访问、处理、存储本行信息，与本行进行通信或为本行提供IT基础设施组件的供应商签订全面的信息安全相关要求；

c） 供应商协议应当包括涉及信息、通信技术服务和产品供应链的信息安全风险控制要求；

d） 应在采购方案中明确与关键信息基础设施相关的产品和服务的采购标准及要求。

---

〔19〕 为了促进互联网演进升级与金融领域的融合创新，结合金融行业实际，发布银发〔2018〕343号文——《中国人民银行 中国银行保险监督管理委员会 中国证券监督管理委员会关于金融行业贯彻〈推进互联网协议第六版（IPv6）规模部署行动计划〉的实施意见》。

〔20〕 A.15“供应商关系”。

(2) 供应商服务交付管理策略

● 策略目标：

确保信息安全和服务交付水平与供应商协议保持一致。

● 策略内容：

a） 应当定期检查、评审或审计供应商的服务交付成果；

b） 应当基于业务信息、系统和过程的敏感度，管理供应商提供服务的变更，包括保持和改进现有的信息安全策略、程序和控制措施，并在变更后再评估风险。

6.11 信息安全事件管理策略[21]

● 策略目标：

确保对信息安全事件进行持续、有效的管理，并保持与内部和监管部门沟通事态和弱点。

● 策略内容：

a） 应当建立管理职责和程序，以确保快速、有效和有序地响应信息安全事件；

b） 应当通过适当的管理途径尽快地报告信息安全事态；

c） 应当要求使用组织信息系统和服务的所有雇员和合同方记录并报告他们观察到的或怀疑的任何系统或服务的信息安全及信息科技弱点；

d） 应当对信息安全事态进行评估，以决定他们是否被归类为安全事件；

e） 应当按照书面化的程序来响应信息安全风险事件；

f） 应当充分利用分析和解决信息安全事件中积累的知识，以减少未来类似事件发生的可能性和影响；

g） 应当制定并实施规范的程序以识别、收集、采集和保存可以作为证据的信息。

6.12 业务连续性中的信息安全策略[22]

● 策略目标：

信息安全管理连续性应融入本行的业务连续性管理体系中。

● 策略内容：

a） 应当明确在不利情况下（如危机或灾难时）信息安全和信息安全管理连续性的要求；

b） 应当建立、实施、维护书面的流程、程序或措施，保证在不利的情况下维持信息安全连续性管理级别；

c） 应当定期验证已建立并实施的信息安全连续性措施，保证它们在不利条件下是适当并有效的；重要业务系统和基础设施应每年进行演练，其他系统应每3年至少演练1次；

d） 信息处理设施应当具备足够的冗余，以满足可用性要求；

e） 面向公众服务的互联网应用系统，应保证在IPv6和IPv4环境下，具备同等的业

---

[21] A.16“信息安全事件管理”。

[22] A.17“业务连续性管理的信息安全方面”。

务连续性保障能力。

6.13 符合性策略[23]

(1) 法律法规符合性策略

● 策略目标：

避免违反任何信息安全相关的法律、条例、法规或合同义务，以及其他的任何安全要求。

● 策略内容：

a） 对本行及其每一个信息系统而言，所有相关的法律、法规和合同要求，以及为满足这些要求所采用的方法，应加以明确地定义，形成文件并保持更新。

b） 应当执行适当的程序以确保在涉及知识产权和使用具有所有权的软件产品时，符合法律、法规和合同的要求。

c） 应当防止记录的丢失、毁坏、伪造、非法访问与非法发布，以满足条例、法规、合同和业务的要求。

d） 在收集、使用客户个人信息时，应遵循合法、正当和必要的原则，发布清晰易读的隐私政策，公开信息收集、使用的规则，明示收集、使用信息的目的、方式和范围，并经被收集者同意。严禁收集与服务无关的客户信息，严禁违规查询、获取、使用、泄露、出售客户信息。

e） 应按照国家有关规定，使用经过国家密码管理部门认可的密码技术、产品和服务，商用密码产品出现故障，应到国家密码管理机构指定单位进行维修。

f） 应按照国家有关规定，信息技术部收集和产生的个人信息和重要数据应当在境内存储，严禁将信息技术部数据以任何方式输送至境外。

(2) 信息安全评审策略

● 策略目标：

确保信息安全运行遵守本行的相关策略和程序。

● 策略内容：

a） 对辖内关键信息基础设施和重要信息系统，相关部门应每年聘请国家授权测评机构至少开展1次安全检测评估和整改，并按照有关要求报送检测评估情况和改进措施；

b） 应当在计划的周期或信息安全实施发生重大变化时，独立评审信息安全的方法和运行情况（例如信息安全的控制目标、控制措施、策略、流程和程序）；

c） 部门负责人应定期评审信息处理和程序符合其管理范围内的安全策略、标准和任何其他安全要求；

d） 应当定期评审信息系统是否符合本行的信息安全策略和标准。

---

〔23〕 A.18“符合性”。

4.1.2 信息安全管理手册

D 大都商行

信息安全管理手册

编号：D^2CB/ISMS－1－SC－2020	
密级：内部	
编制：宋新雨	年 月 日
审核：闫芳瑞	年 月 日
批准：柴璐	年 月 日
发布日期：	年 月 日
实施日期：	年 月 日
分发人：	分发号：
受控状态： ■受控	□非受控

大都商业银行

V1.0

版本及修订历史

版本	修订人	审核人	批准人	生效日期	备注
V1.0	宋新雨	闫芳瑞	柴璐	2020－07－14	新建

1 目的

为了建立、健全大都商业银行的信息安全管理体系，实现本行的信息安全策略和目标，对信息安全风险进行更有效的管理，确保全体员工理解并执行信息安全管理体系文件、持续改进管理体系的有效性，特制定本手册。

2 适用范围

本手册适用于ISMS涉及的所有人员和公司的全部重要信息资产及过程。

3 引用文件

本手册制定参考并依据了下列文件资料：

（1）法律法规：指中华人民共和国颁布的、所有相关且具有约束和指导作用的法律、法规。

（2）监管规定：指中国人民银行及其分支机构和国家金融监督管理总局及其分支机构颁布的具有约束和指导作用的所有文件、规定等。

（3）总行文件：总行下发的对业务和管理等有约束和指导作用的所有文件。

（4）国际惯例：指我行开办国际业务必须遵循的具有约束和指导作用的国际通用惯例。

（5）标准：

- GB/T 22080—2016/ISO/IEC 27001：2013《信息技术　安全技术　信息安全管理体系要求》
- GB/T 22081—2016/ISO/IEC 27002：2013《信息技术　安全技术　信息安全管理实用规则》

4 术语和定义

5 组织环境

5.1 理解组织及其环境

信息技术部对内外部环境相关的信息技术、信息安全技术和信息安全管理的发展，以及国家政府部门、监管机构和相关外部组织、社会公众等内外部环境进行持续跟踪。

组织外部环境包括但不限于：

（1）文化、政治、法律、规章、金融、技术、经济、自然环境以及竞争环境，无论是国际、国内、区域或地方；

（2）影响组织目标的主要驱动因素和发展趋势；

（3）外部利益相关者的观点和价值观。

组织内部环境包括但不限于：

（1）资源与知识的理解能力（如：资本、时间、人力、流程、系统和技术）；

（2）信息系统、信息流动以及决策过程（包括正式和非正式的）；

（3）内部利益相关者；

（4）政策，为实现的目标及战略；

（5）观念、价值观、文化；

（6）组织通过的标准以及参考模型；

（7）结构（如：治理、角色、责任）。

5.2 理解相关方的需求和期望

信息技术部对与信息安全管理体系有关的内外部相关方的信息安全要求和期望进行定期识别和持续跟踪。

信息技术部的外部相关要求包括但不限于：

（1）公安部《信息系统等级保护实施规范》；

（2）原银保监会《商业银行信息科技风险管理指引》；

（3）原银保监会《商业银行数据中心监管指引》；

（4）原银保监会《商业银行业务连续性监管指引》；

（5）原银保监会《银行业重要信息系统突发事件应急管理规范》；

（6）中国人民银行《银行信息系统信息安全等级保护实施指引》；

（7）中国人民银行《银行信息系统信息安全等级保护测评指南》；

（8）中国人民银行《银行业信息系统灾难恢复管理规范》。

内部相关要求包括但不限于：软件开发中心 CMMI 软件能力成熟度集成模型要求。

5.3 确定信息安全管理体系范围

基于面临的内外部环境及相关方的需求和期望，以及信息技术部内部活动之间的及其与其他相关方的活动之间的接口和依赖关系，确定信息安全管理体系的范围。信息安全管理体系范围涉及信息技术处理设施管理、信息技术系统的开发、获取和运行维护、人员的信息安全、数据的安全等在内的相关信息安全管理活动。

（1）业务范围：为大都商业银行提供的 IT 基础设施（主机、数据库、网络系统）运维服务和应用系统运维支持服务、网络安全（含防病毒）服务，软件开发；

（2）组织范围：信息技术部、软件开发中心；

（3）物理范围：北京市海淀区中关村大街 4 号金融大厦大都商业银行信息技术部、软件开发中心；

（4）资产范围：与业务范围、组织范围、物理范围内相关的所有硬件、软件、人员、服务等信息资产。

5.4 信息安全管理体系

基于内外部环境、相关方的信息安全要求和期望，按照 GB/T 22080—2016/ISO/IEC 27001：2013 的要求，建立、实施、维护和持续改进信息安全管理体系。

6 领导力

6.1 领导力和承诺

信息技术部最高管理者通过以下方式作出对信息安全管理体系的领导力和承诺：

（1）制定信息安全方针和目标，并确保方针和目标与信息技术部的战略方向是一致的；

（2）确保信息安全管理体系的要求纳入信息技术部的业务过程中；

（3）确保信息安全管理体系所需要的资源可用；

（4）向各部门传达信息安全管理的有效性和符合 ISMS 要求的重要性；

（5）确保信息安全管理体系达到预期的效果；

（6）指导和支持员工为 ISMS 的有效性作贡献；

（7）推动持续改进；

（8）支持其他相关管理角色在其职责领域内来展示其领导作用和承诺。

6.2 信息安全方针

信息技术部最高管理者建立符合内外部要求的信息安全方针，并在内部有效传达，必要时传达给相关方人员。

信息安全方针为：积极预防、全面管理、控制风险、保障安全。

6.3 组织的角色、职责和权力

为了保证信息安全管理体系的建立、实施、运行、监控、评审、保持和持续改进，最高管理者确保与信息安全相关角色的责任和权限得到分配和沟通，具体要求包括：

（1）信息技术部建立层次化的信息安全管理组织，并确定从事信息安全管理工作的具体人员，以推动信息安全管理体系的有效运行。

（2）信息技术部明确了信息安全管理组织的职责权限，确保信息安全职责得到有效定义和划分。

信息技术部的信息安全管理组织与职责分配，具体参见“信息安全管理体系职责”。

7 策划

7.1 应对风险和机遇的行动

7.1.1 总则

信息技术部基于面临的内外部环境及相关方的需求和期望，进行信息安全管理体系的策划，确保信息安全管理体系能够达到预期的结果，防止或减少不良影响，并实现持续改进，包括：

（1）通过对内外部环境的了解，确定公司需要应对的风险和机遇；

（2）针对这些风险和机遇应采取的措施；

（3）将这些措施在信息安全管理体系的过程中进行整合和实施；

（4）对这些措施的有效性进行评估。

7.1.2 信息安全风险评估

建立并采用统一的信息安全风险评估过程。

（1）建立和保持信息安全风险准则，包括：

- 风险接受准则；
- 执行信息安全风险评估的准则。

（2）确保重复进行的信息安全风险评估活动能产生一致的、有效的和可比较的结果。

（3）识别信息安全的风险：

- 采取信息安全风险评估过程，以识别ISMS范围内的信息保密性、完整性和可用性损失有关的风险；
- 识别风险的责任人（或所有者）。

（4）分析信息安全风险：

- 评估所识别的风险发生时可能的后果；
- 评估所识别的风险发生的可能性；
- 确定风险的级别。

(5) 评价信息安全风险：

- 将风险分析的结果与建立的风险准则进行比较；
- 对分析后的风险进行优先级的排序以进行风险处置。

信息安全风险评估过程均应保留文档化信息，具体按照“风险评估程序”的要求执行。

7.1.3 信息安全风险处置

建立并采用统一的信息安全风险处置过程以：

(1) 在考虑风险评估的结果基础上，选择适当的信息安全风险处理方法；

(2) 确定实施已选择的信息安全风险处置方法所需的所有控制措施；

(3) 将所选择的控制措施与GB/T 22080—2016/ISO/IEC 27001：2013附录A中的控制措施进行比较，以确认没有任何必要的控制措施被遗漏；

(4) 编写适用性声明文件（Statement of Applicability，SoA）对所选择的控制措施进行说明，包括对GB/T 22080—2016/ISO/IEC 27001：2013附录A中控制措施删减的理由说明；

(5) 制定信息安全风险处置计划；

(6) 获得风险责任人对风险处置计划以及残余风险的审批。

信息安全风险处置过程均应保留文档化信息，具体按照“风险评估程序”的要求执行。

7.2 信息安全目标和实现计划

应基于信息安全方针、信息安全要求、风险评估及处置结果，在相关的职能和层级建立信息安全目标，并定期对信息安全目标进行评审及更新，具体参见“6.2信息安全方针”及“信息安全测量与审计程序”中定义的信息安全目标。

为达成信息安全目标，应建立信息安全目标达成相关工作计划，包括：

(1) 工作内容；

(2) 所需资源；

(3) 负责人；

(4) 完成期限；

(5) 评估结果。

8 支持

8.1 资源

应确定并提供建立、实施、保持和持续改进信息安全管理体系所需的资源，包括但不限于以下方面：

(1) 建立、实施、运行、维持和改善ISMS；

(2) 确保信息安全规程支持业务要求；

(3) 识别和满足法律法规要求以及合同中的安全责任；

(4) 通过正确实施所有的控制措施来保持适当的安全；

（5）必要时进行评审，对评审结果采取适当的对应措施；

（6）需要时改进 ISMS 的有效性。

8.2 能力

应确保信息安全管理体系相关的人员能够胜任其工作，包括但不限于：

（1）根据绩效影响，确定从事相关工作的人员所必需的能力；

（2）提供适当的教育、培训和实践，确保其能够胜任工作；

（3）适当时，采取措施以获得必要的能力（必要时聘用有能力的人员或采取其他适当措施来满足这些要求）；

（4）评估所采取措施的有效性（例如：评价所提供的培训是否有效）；

（5）保持教育培训技能经验和资质的适当记录。

人员能力配备及提升方面均应保留文档化信息（例如：保留教育培训技能经验和资质的适当记录），具体按照“人力资源安全管理规定”的要求执行。

8.3 意识

应通过组织实施各类信息安全意识提升活动，确保人员了解：

（1）信息安全方针；

（2）如何为实施信息安全管理体系目标作出贡献，包括改进信息安全管理绩效带来的好处；

（3）不符合信息安全管理体系要求的后果。

8.4 沟通

建立与信息安全管理体系有关的内部和外部的沟通机制，通过内外部沟通与交流，促进信息技术部内部对管理承诺的理解和沟通，不断满足客户及相关方的要求，以实现信息安全目标的达成及信息安全管理体系的持续改进。

与信息安全管理体系有关的内部沟通内容包括但不限于：信息安全管理体系的信息及相关事务（例如：ISMS 内部审核及管理评审相关信息及事务等），人力资源信息及相关事务（例如：组织架构及人员变化、人员教育培训相关信息及事务等），信息系统相关信息及事务（例如：新产品及新技术的使用、新系统开发与建设相关信息及事务等），内部员工建议或期望等；信息技术部根据沟通的内容采取相适应的沟通频率和方式（例如：定期的 ISMS 内部审核及管理评审，组织架构及人员变化、信息系统变化等方面的即时性沟通等）。

与信息安全管理体系有关的外部沟通内容包括但不限于：国家及政府部门的政策信息及相关事务（例如：公安部信息系统等级保护要求相关信息及事务等），面向社会的公众信息及相关事务（例如：对外的信息披露等），行业方面的监管信息及相关事务（例如：法律法规的识别及合规性管理等），信息安全管理体系的信息及相关事务（例如：信息安全管理体系的认证审核相关信息及事务等）等。信息技术部根据沟通的内容采取相适应的沟通频率和方式（例如：ISMS 认证审核及信息系统安全等级保护测评的定期沟通，对外信息披露的即时性沟通等）。

8.5 文件化信息

8.5.1 总则

应基于GB/T 22080—2016/ISO/IEC 27001：2013及内外部要求，建立文件化的信息安全管理体系。

8.5.2 创建和更新

在创建和更新信息安全管理体系文件时，采取统一的文件编写规范进行体系文件的编写，包括采取统一的文件命名、文件编号、文件格式、文件存储方式及修订方法等。体系文件编写及修订完成后，由部门及公司领导对文件进行审批，确保体系文件的适宜性和充分性。

8.5.3 文件化信息的控制

对信息安全管理体系文件进行统一管理以确保：

（1）当信息安全管理体系文件被需要使用时是可用的和适宜的；

（2）对信息安全管理体系进行切实的保护，防止文档信息泄露、使用不当、被破坏；

（3）对信息安全管理体系文件的分发、访问、获取和使用进行控制；

（4）对信息安全管理体系文件进行安全的存储和保存，包括保护文件的可读性；

（5）对信息安全管理体系文件的变更进行审批及版本控制；

（6）对信息安全管理体系文件进行统一保管和处置。

另外，对公司信息安全管理体系的策划和运行中所必要的外来文档进行识别和控制。

信息安全管理体系文档化管理具体按照“文件管理程序”及“记录管理程序”的要求执行。

9 实施

9.1 实施的策划和控制

通过策划、实施和控制满足信息安全要求所需的过程，实施7.1中所确定的控制措施，并实施计划以达到7.2中确定的信息安全目标。

保存相关的文档化信息，以保证信息安全要求所需过程已按照计划实施。

内部控制相关计划内的变更，以及评审非预期的变更带来的结果，必要时采取适当措施以减轻任何不良影响。

建立并应用外包服务管理过程，确保外包过程是受控的。

9.2 信息安全风险评估

基于建立的风险评估准则，按照计划的时间间隔（至少每年一次）或发生重大变化时进行信息安全风险评估，并保留信息安全风险评估的全部文档化信息。

9.3 信息安全风险处置

制定及实施信息安全风险处置计划，并保留信息安全风险处置结果的全部文档化信息。

10 绩效评估

10.1 监视、测量、分析和评价

定期（至少每年一次）评价信息安全管理体系绩效和信息安全管理体系的有效性，包括以下方面：

（1）明确需要进行监视和测量的内容，包括信息安全过程和控制措施；

（2）采取适当的监测、测量、分析和评价方法，以确保得到有效的结果；

（3）确定监视和测量时间（或频率）；

（4）确定监视和测量责任人；

（5）确定对监视和测量结果进行分析和评价的时间；

（6）确定对监视和测量结果进行分析和评价的责任人。

保留适当的监视和测量结果的文档化信息，具体按照“信息安全测量与审计程序”的要求执行。

10.2 内部审核

按照计划的时间间隔（至少每年一次）进行内部审核，根据提供的信息判断信息安全管理体系及其运行是否：

（1）符合GB/T 22080—2016/ISO/IEC 27001：2013及相关法律法规的要求；

（2）符合信息技术部自身的信息安全要求；

（3）信息安全管理体系得到有效的实施和保持。

在实施ISMS内部审核时，需要考虑到被审核的流程、区域的状况和重要性，也应该考虑到以往审核的结果。在审核之前，必须确定审核准则、范围、频次和方式，审核员的选择和审核活动应保证审核过程的客观和公正，且审核员不能审核自己的工作。

信息安全内审小组全面负责内部审核事宜，包括制定审核计划、实施内部审核、保留审核记录、编写审核报告等，并及时报告审核结果给相关管理层。

保留信息安全管理体系内部审核的文档化信息，具体按照“内部审核程序”执行。

10.3 管理评审

最高管理者按计划的时间间隔（至少每年一次）评审信息安全管理体系，以确保其持续的适宜性、充分性和有效性。

管理评审的输入应包括以下方面的信息：

（1）以往管理评审措施的状态。

（2）与信息安全管理体系有关的外部和内部因素的变化。

（3）信息安全绩效的反馈，包括以下方面：

- 不符合项及纠正措施的实施情况；
- 监视和测量的结果；
- 审核结果；
- 信息安全目标完成情况。

（4）相关方（客户、政府部门、监管单位、供应商、内部员工等）的反馈。

（5）风险评估结果和风险处置计划的状态。

（6）持续改进的机会或建议。

管理评审的输出包括持续改进的机会和任何信息安全管理体系需要变更的相关决定，包括但不限于以下方面：

（1）ISMS有效性的改进。

（2）风险评估和风险处置计划的更新。

（3）必要时修订信息安全管理体系文件，以响应影响ISMS的内外部变化，包括以下的变更：

- 业务需求；
- 安全需求；
- 影响已有业务需求的业务过程；
- 法律法规环境；
- 合同责任；
- 风险等级和/或风险接受准则。

（4）资源需求。

（5）改进有效性测量的方式。

保留信息安全管理体系管理评审的文档化信息，具体按照“管理评审程序”执行。

11 改进

11.1 不符合和纠正措施

在出现不符合时，应采取如下的不符合和纠正措施处理流程：

（1）相关部门对不符合做出反馈，适当时，应采取措施进行控制和纠正，对结果进行处理。

（2）评估为消除不符合的原因所采取措施的需求，为了防止不符合再发生或在其他地方出现，应评审不符合、确定引起不符合的原因、确定是否存在或有可能出现类似的不符合。

（3）实施所需的任何措施。

（4）审查已采取纠正措施的有效性。

（5）必要时，对信息安全管理体系进行变更。

所采取的纠正措施应与不符合的影响程度相适应。

应保留不符合和纠正措施的所有文档化信息（包括不符合的性质和后续措施、各项纠正措施的结果等），具体按照“信息安全测量与审计程序”执行。

11.2 持续改进

应对信息安全管理体系进行持续改进，确保信息安全管理体系的适宜性，充分性和有效性。

4.1.3 信息安全管理体系职责

D 大都商行

信息安全管理体系职责[24]

编号：D²CB/ISMS－1－ZZ－2020	
密级：内部	
编制：宋新雨	年　月　日
审核：闫芳瑞	年　月　日
批准：柴璐	年　月　日
发布日期：	年　月　日
实施日期：	年　月　日
分发人：	分发号：
受控状态：　■受控	□非受控

大都商业银行

V1.0

版本及修订历史

版本	修订人	审核人	批准人	生效日期	备注
V1.0	宋新雨	闫芳瑞	柴璐	2020－07－14	新建

1 目的

本文件描述了组织在信息安全管理方面的组织架构及人员责任，通过清晰的责任界定以保证信息安全策略得到有效的贯彻，保证信息安全管理活动的有序进行。

2 适用范围

本文件适用于ISMS涉及的所有人员。

[24] 等保2.0的8.1.7“安全管理机构”及A.6.1.1“信息安全的角色和责任”。

3 术语和定义

本文件采用的术语参见“ISMS术语和定义”。

4 职责

(1) 信息安全管理委员会

信息安全集体议事机构。制定信息安全规划和治理策略。

(2) 信息安全管理者代表

代表信息安全管理委员会批准并正式发布本规定，建立相关组织，任命相关角色。

(3) 信息安全管理部门

承担信息安全管理责任。负责信息技术部整体层面的具体日常信息安全管理、建设和监督考核工作；监督各部门信息安全管理、建设和审核工作的落实。

(4) 其他部门和安全员

理解并遵守信息安全管理体系；接受信息安全教育；协作信息安全管理部门和安全员开展工作；主动向信息安全管理部门报告信息安全事件。

5 信息安全决策层

5.1 信息安全管理委员会

(1) 信息安全管理委员会主要由信息技术部高层领导组成，是信息技术部在信息安全管理方面的最高决策机构。

(2) 主要职责：

- 审批发布信息安全方针和管理体系；
- 审批信息安全项目；
- 提供信息安全建设资源保证。

5.2 信息安全管理者代表

(1) 信息安全管理者代表由信息安全管理委员会任命，是信息安全管理委员会主要负责人，信息技术部网络安全第一责任人，全面负责信息技术部安全管理的重大事项的决策和监督。

(2) 主要职责有：

- 为信息技术部信息安全工作的开展提供资源和管理保证；
- 审批信息技术部的信息安全管理体系建设规划，为规划的落实提供资源和管理保证；
- 通过管理评审会议审批信息技术部信息安全管理方针策略；
- 领导、指挥重大信息安全事件的处理，并听取事件处理的报告；
- 定期召开信息安全管理体系运行工作例会或者日常工作会议，听取信息安全管理体系运行工作报告，掌握信息安全管理体系运行状况。

6 信息安全管理层

(1) 承担信息技术部的信息安全管理和网络安全管理工作，同时作为关键信息基础设施的专门安全管理机构，部门负责人承担关键信息基础设施安全管理职责。

（2）主要职责：

● 负责贯彻、落实国家有关部门关于信息安全工作的方针、政策；

● 负责综合业务网络系统的安全规划，从安全管理、制度防范、技术防范三个方面，建立全系统的安全体系；

● 负责综合业务网络系统的信息安全管理体系运行日常工作，包括组织、发起信息安全相关会议，安排会议议程，组织会议材料，部署和跟踪会议决议的执行情况；

● 负责组织制定和修订信息技术部信息安全管理制度文件并提交管理者代表审批和发布；

● 负责根据相关管理制度，指导、管理、监督信息技术部各部门信息安全建设工作的落实与开展；

● 负责组织各部门制定信息安全的绩效指标，并依据该绩效指标对各部门工作进行检查；

● 组织信息安全管理绩效的内审和管理评审，跟踪与验证各部门的信息安全改进计划；

● 保持与特定利益集团、其他安全专家组、专业协会和政府相关部门的适当联系（例如：执法部门、消防局、监管部门）；

● 负责组织开展综合业务网络系统的安全普及教育，提高全辖人员的计算机安全意识；

● 完成领导交办的其他工作。

7　信息安全执行层

（1）信息安全执行层指科技管理、生产运行和开发条线各部门；执行层应在本职工作中遵守信息安全管理体系的规定。

（2）主要职责：

● 推动部门内安全策略和控制措施的落实，努力实践本部门信息安全管理程序；

● 推动部门人员的信息安全意识提升，协助信息安全事件的处理；

● 配合信息安全管理部门完成信息安全相关项目，并引导、推广和监督执行安全策略；

● 配合信息安全管理部门制定信息安全绩效测量指标，配合信息安全的检查、审核资料和数据的提取；

● 协助信息安全管理部门制定业务连续性计划，提供各种参数依据；

● 配合信息安全管理部门的风险评估、体系文件修订、内部审核工作。

7.1　其他部门负责人

（1）充分支持本部门安全员推动部门内信息安全策略和控制措施的落实，努力实践本部门信息安全管理程序；

（2）保持信息安全意识，关键活动应向安全员咨询信息安全控制标准；

（3）未设安全员的部门由部门负责人承担安全员责任；

(4) 本部门信息安全执行责任的最终承担者。

7.2 其他部门安全员

(1) 信息技术部每个部门设置一位信息安全管理员，履行部门内的信息安全推动工作。

(2) 主要职责：

- 熟悉信息安全管理体系，保持强烈的信息安全意识；
- 保持与安全管理部的沟通，咨询各项信息安全管理制度、工作程序和要求；
- 推动部门内信息安全策略和控制措施的落实，努力实践本部门信息安全管理程序；
- 及时向部门负责人报告部门内的信息安全违规活动；
- 推动部门内信息安全改进计划的落实；
- 配合信息安全管理部门进行风险评估、内审、管理评审和体系文件修订工作；
- 配合信息安全管理部门进行信息安全事件调查。

7.3 全体员工

(1) 全体员工作为系统和数据的使用人员，对其本人使用网络的行为负责，应用履行安全义务，承担相应的法律责任。

(2) 主要职责：

- 遵守法律法规和监管要求，按照管理要求落实安全工作；
- 发送的电子信息、提供的应用软件，不得设置恶意程序，不得含有法律、行政法规禁止发布或者传输的信息；
- 不得非法侵入他人网络、干扰他人网络正常功能、窃取网络数据等；
- 不得提供专门用于从事侵入网络、干扰网络正常功能及防护措施、窃取网络数据等危害网络安全活动的程序、工具；
- 明知他人从事危害网络安全活动的，不得为其提供技术支持、广告推广、支付结算等帮助；
- 不得窃取或者以其他非法方式获取个人信息，不得非法出售或者非法向他人提供个人信息；
- 不得设立用于实施诈骗，传授犯罪方法，制作或者销售违禁物品、管制物品等违法犯罪活动的网站、通信群组，不得利用网络发布涉及实施诈骗，制作或者销售违禁物品、管制物品以及其他违法犯罪活动的信息；
- 遵守宪法法律，遵守公共秩序，尊重社会公德，不得危害网络安全，不得利用网络从事危害国家安全、荣誉和利益，煽动颠覆国家政权、推翻社会主义制度，煽动分裂国家、破坏国家统一，宣扬恐怖主义、极端主义，宣扬民族仇恨、民族歧视，传播暴力、淫秽色情信息，编造、传播虚假信息扰乱经济秩序和社会秩序，以及侵害他人名誉、隐私、知识产权和其他合法权益等活动。

4.2 典型文件编写（二）

4.2.1 文件管理程序

D 大都商行

文件管理程序[25]

编号：D²CB/ISMS-2-CX001-2020	
密级：内部	
编制：宋新雨	年 月 日
审核：闫芳瑞	年 月 日
批准：柴璐	年 月 日
发布日期：	年 月 日
实施日期：	年 月 日
分发人：	分发号：
受控状态： ■受控	□非受控

大都商业银行

V1.0

版本及修订历史

版本	修订人	审核人	批准人	生效日期	备注
V1.0	宋新雨	闫芳瑞	柴璐	2020-07-14	新建

〔25〕等保2.0的8.1.6.2“管理制度”及GB/T 22080—2016/ISO/IEC 27001：2013《信息技术 安全技术 信息安全管理体系 要求》正文7.5“文件化信息”。

1　目的

为保证ISMS运行的各个场所都能使用适宜且版本有效的文件，并对其进行控制，特制定本管理程序。

2　适用范围

本程序适用于ISMS涉及的所有部门，是信息安全管理文件的规范。

3　术语和定义

4　职责

文件的编制/修订、审核、批准的负责人如下所述：

一级文件的编制/修订由信息安全管理部门负责，审核由信息安全管理部门负责人负责，批准由信息安全负责人负责。

二级文件的编制/修订由信息安全管理部门负责，审核由信息安全管理部门负责人负责，批准由信息安全负责人负责。

三级文件的编制/修订由部门信息安全员负责，审核由信息安全管理部门负责人负责，批准由信息安全负责人负责。

四级文件的管理请参见“记录管理程序”。

所有ISMS文件除在文件内有明确规定之外，其归口管理部门均为信息安全管理部门，由信息安全管理部门负责解释。

5　文件的分类

5.1　一级文件

一级文件是指导性文件，包括“信息安全管理手册”“信息安全策略”“信息安全管理体系职责”“适用性声明”“ISMS术语和定义”等。文件内容如下描述：

“信息安全管理手册”对ISMS框架进行整体描述。

“信息安全策略”主要描述信息安全工作的目标和方向。

“信息安全管理体系职责”主要描述信息安全各个角色及职责。

“适用性声明”主要描述与公司的信息安全管理体系相关的和适用的控制目标和控制措施。

“ISMS术语和定义”主要描述信息安全相关的术语和定义。

5.2　二级文件

二级文件是指各类程序文件和一般性规定，是针对“信息安全策略”某一方面工作的进一步落实。二级文件适用于不同部门，描述信息安全活动及措施的过程方法。其内容一般包括：目的、适用范围、职责、过程活动等。

5.3　三级文件

三级文件是指指南或具体的作业指导书，涉及与具体部门特定工作或系统相关的作业规范（操作步骤和方法），由各个部门自行制定。三级文件是对二级文件所规定的领域内工作的细化描述。其内容一般包括：目的和信息安全活动的具体操作流程等。

5.4　四级文件

四级文件是指各种记录文件，包括实施各项流程的记录和表格，是ISMS得以持续运行的有力证据，由各个相关部门自行维护。

6 管理要求[26]

6.1 文件的编制

文件编制者向审核人报告制定文件的目的及初步方案。审核人认可后，文件编制者根据审核人的指示，编制该文件的初稿。

6.2 文件的审核

公司内文件的审核按以下程序进行。

（1）审核人对初稿进行审核，必要时可以召开有相关人员参加的文件审查会。

（2）根据审核人的审核意见，文件编制者对初稿进行修订。

（3）审核人对文件审核通过后，报批准人批准。

6.3 文件的批准

文件的批准按电子文件进行，批准人对文件的正确性、适用性进行检查后应在文件相应的位置填入批准人的姓名，电子文件需保留批准的证据。

纸质文件需在文件的相应位置由批准人签字或盖章后生效。

6.4 文件的分发[27]

（1）电子文件分发

为节省成本，文件的分发原则上由文件编制者采用电子文件进行。电子文件的分发需满足以下要求：

- 电子文件可采用 web 方式或 E－mail 方式进行分发；
- 分发时，需在电子文件上加上水印。

（2）纸质文件分发

必要时，文件编制者可采用纸质文件进行分发。纸质文件分发需满足以下要求：

- 分发前需在相应位置标注受控或非受控进行受控管理；
- 分发新文件的同时回收、作废旧版文件。

6.5 文件的保管[28]

为了便于识别、确保合理适当地使用文件，应该通过以下的保管措施，对 ISMS 文件进行保护和控制。

ISMS 文件中需要管理的内容有：起草人、起草日、审核人、审核日、修订记录（修订日、版本、修订内容以及理由等）、批准人、批准日、分发人、分发号、文件管理号、文件密级、受控状态等。

（1）电子文件

所有 ISMS 文件由信息安全管理部门进行统一管理，由各部门编制管理的相关文件也

---

〔26〕文件需经过编制、审核、批准及分发四个步骤后，方可生效实施。

〔27〕等保 2.0 的 8.1.6.3“制定和发布”；GB/T 22080—2016/ISO/IEC 27001：2013《信息技术　安全技术　信息安全管理体系　要求》正文 7.5.3.c）“分发、访问、检索和适用”。

〔28〕GB/T 22080—2016/ISO/IEC 27001：2013《信息技术　安全技术　信息安全管理体系　要求》正文 7.5.3.d）存储和保护，包括保持可读性；7.5.3e）“控制变更（版本控制）”。

应在信息安全管理部门备案。

(2) 纸质文件

纸质文件需要时由编制部门负责保管，并经常确认所保管的纸质文件是否为最新版本。文件必须分类并存放在干燥通风、安全的地方；任何人不得在受控文件上乱涂乱改，不准私自外借，确保文件的清晰、易于识别和检索。纸质文件的保存期限原则上为文件新建到文件修订或者作废为止。

6.6 文件的借阅和复制

借阅和复制与ISMS有关的文件，应填写“文件记录借阅、复制管理表”，由信息安全管理部门批准后方可借阅或复制。复制的受控文件必须登记编号。

6.7 文件的修订[29]

对文件进行修订时，应由文件修订者向审核人提出修订意见，经文件审核人审核认可后，由文件修订者进行修订，修订后提交审核人审核，审核后由文件批准人对修订后的文件进行批准。

公司内文件的修订改版按以下程序进行：

(1) 由文件修订者拟订改版计划并报告文件审核人。

(2) 文件审核人根据修订内容的重要程度，决定是否实施改版。

(3) 必要时文件审核人召开文件审查会，与相关人员对文件进行审查。在文件的审查会上，文件修订者说明改版内容并和与会人员达成共识。

(4) 文件修订者根据修订改版意见修订文件，并将更新内容明确记载在改版履历中。修订文件应填写“文件修订管理表”。

(5) 文件审核人对文件进行审核，报批准人批准后新版文件即可分发。

(6) 根据修订内容的影响程度，对有关部门进行改版教育。每次的贯彻方法由文件审核人决定，并委托相关人员实施。

6.8 文件的作废[30]

文件作废的信息需通知该文件的所有分发对象，并由信息安全管理部门或委托分发对象进行作废处理。作废的手段为：

(1) 纸质文件：需用碎纸机粉碎。

(2) 电子文件：需将该作废文件删除，并清空垃圾箱。

需保留的作废纸质文件需要在封面加盖“作废保留”章。

文件作废时要填写“文件记录作废管理表”，进行严格控制并及时处理，以防止因误用引起的信息安全事件。

---

〔29〕 等保2.0的8.1.6.4“评审和修订”。

〔30〕 GB/T 22080—2016/ISO/IEC 27001：2013《信息技术　安全技术　信息安全管理体系　要求》正文7.5.3f)“保留和处理”。

6.9 外来文件的控制[31]

对外来文件进行标记和编号，分类归档，确保外来文件得到识别。

6.10 文件的评审[32]

（1）必要时文件应按照6.7相关条款进行评审修订，包括：

- 定期评审：每年1次由信息安全管理部门负责召集相关人员进行评审；
- 临时评审：ISMS的外部环境变化时，由信息安全管理部门临时召集相关人员进行评审。

（2）评审内容

- ISMS文件管理是否根据规定进行；
- 信息安全相关的操作程序部分；
- 法律法规相关部分；
- 有必要进行评审的其他内容。

4.2.2 记录管理程序

D 大都商行

记录管理程序

编号：D^2CB/ISMS-2-CX002-2020		
密级：内部		
编制：宋新雨	年　月　日	
审核：闫芳瑞	年　月　日	
批准：柴璐	年　月　日	
发布日期：	年　月　日	
实施日期：	年　月　日	
分发人：	分发号：	
受控状态：	■受控	□非受控

[31] GB/T 22080—2016/ISO/IEC 27001：2013《信息技术　安全技术　信息安全管理体系　要求》正文7.5.3"组织确定的为规划和运行信息安全管理体系所必需的外来的文件化信息，应得到适当的识别，并予以控制"。

[32] GB/T 22080—2016/ISO/IEC 27001：2013：《信息技术　安全技术　信息安全管理体系　要求》正文7.5.2c)"对适宜性和充分性的评审和批准"。

大都商业银行

V1.0

版本及修订历史

版本	修订人	审核人	批准人	生效日期	备注
V1.0	宋新雨	闫芳瑞	柴璐	2020-07-14	新建

1 目的

本程序规定了安全记录的标识、收集、使用、归档、保管以及作废的办法，为ISMS的有效运行提供证据，也为公司的ISMS的持续改进提供准确可靠的依据。

2 适用范围

本程序适用于ISMS涉及的所有部门，是信息安全管理记录收集和管理的规范。

3 术语和定义

4 职责

(1) 信息安全管理部门

- 负责维护并管理信息安全管理记录模板；
- 负责管理信息安全记录模板的编号；
- 形成并保管共同的信息安全管理记录并对各部门的信息安全记录进行抽查。

(2) 相关部门

负责形成并保管本部门相关的信息安全记录。

5 管理要求

5.1 记录的编号

参见“文件管理办法”中的相关规定执行。

5.2 记录的编制

记录应按ISMS文件的要求建立并填写，应记录以下方面的内容。

(1) 记录项要包含能够反映出违反安全规定，发生安全事件的痕迹的内容；

(2) 应考虑相关法律法规要求和合同义务；

(3) 除 (1) 和 (2) 以外，由ISMS管理评审会议决定的记录项；

(4) 需要记录保留的内容。

各类信息安全活动相关记录的模板由信息安全管理部门统一编制，供各部门使用。生成记录的时候，各栏目的负责人签名不允许空项。

5.3 记录的监督、核查

各部门信息安全员对本部门信息安全记录进行管理，并报信息安全管理部门。

信息安全管理部门定期汇总、分析各部门的ISMS运行记录，并作成总结报告。

5.4 记录的储存、保管[33]

记录应加以保护和管理，以提供符合ISMS要求和有效运行的证据。应保留ISMS建立过程的记录和所有发生的与ISMS有关的安全事故的记录。

记录应存放在适宜的环境，防止损坏、变质和丢失，便于存取和检索；对信息安全记录加以有效控制，防止重要记录的遗失、篡改、毁坏和伪造，以满足法律、法规、合同和业务的要求。旧版本或作废文件可视为记录，进行存储和保管。

信息安全管理部门应对各部门提交的记录进行整理归档，应以不同部门、不同保存形式（纸质文档、电子文档等）、不同记录的种类，分类存放，以便查阅。对于在计算机上储存的记录应注意防范病毒，必要时利用口令等方式进行权限控制。对于书面文档的记录应设置专门的柜子、架子、文件夹等分类存放。

5.5 记录的查阅、借阅及复制

各部门信息安全员须对本部门所有的信息安全记录登记到“文件记录一览表”中，以方便查阅。无权查阅记录的人员，如需查阅时须得到部门信息安全员或信息安全管理部门负责人的许可、批准。在合同条件下，商定期限内，应客户要求，本公司的相关记录可提供给客户进行查阅、评价。

借阅、复制与ISMS有关的文件，应填写“文件记录借阅、复制管理表”，由信息安全管理部门审批后方可借阅、复制。

5.6 记录的作废

信息安全管理部门，对已过保管期限的记录文件进行作废处理。记录的作废必须得到信息安全负责人的批准，在进行作废处置之前，各部门所属的记录应由信息安全员确认是否已超过了保管期限；对于超过了保管期限的记录，确认是否仍有保存价值。

超过保存期限但仍有保存价值的记录应由信息安全管理部门加盖“作废保留”章。

确认可以作废的记录，信息安全管理部门应予以统一销毁。对已过保管期限且没有保存价值的纸质记录要根据以下分类进行作废指示。

（1）记录人事、预算、决算、裁决、合同、法律法规、其他组织、人力资源的记录文件

- 大量的情况：根据“信息标识与处理办法”进行作废处理；
- 少量的情况：由碎纸机进行销毁。

（2）其他记录文件

根据“信息标识与处理办法”进行销毁处理。

---

〔33〕记录作为证据不得篡改，一般情况下，组织根据自身要求记录保管的时间为半年到三年不等。

5.7 记录的备份

各部门须定期备份信息安全相关的记录，详细情况请参见“数据备份管理规定”中的相关规定。

4.2.3 内部审核程序

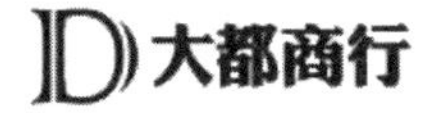

内部审核程序[34]

编号：D^2CB/ISMS-2-CX003-2020	
密级：内部	
编制：宋新雨	年　月　日
审核：闫芳瑞	年　月　日
批准：柴璐	年　月　日
发布日期：	年　月　日
实施日期：	年　月　日
分发人：	分发号：
受控状态：　■受控	□非受控

大都商业银行

V1.0

版本及修订历史

版本	修订人	审核人	批准人	生效日期	备注
V1.0	宋新雨	闫芳瑞	柴璐	2020-07-14	新建

1 目的

为确保组织的信息安全管理体系的控制目标、过程和程序符合信息安全标准和相关的

〔34〕GB/T 22080—2016/ISO/IEC 27001：2013《信息技术　安全技术　信息安全管理体系　要求》的 9.2“内部审核”。

法律法规，信息安全要求得到有效的实施与保持，特制定本程序。

2 适用范围

本程序适用于组织信息安全管理体系的内部审核，以下简称内审。

3 术语和定义

4 职责

(1) 内审小组

- 审核组长：由信息安全负责人任命，负责主持内审工作；
- 内审员：具体实施内审工作。

(2) 信息安全管理部门

负责具体的组织实施。

(3) 信息安全负责人

负责配合整体工作。

5 审核程序

5.1 制定年度审核计划

每年年初根据审核组长的指示由信息安全管理部门制定年度审核计划，经信息安全负责人批准后实施。

每年定期进行1次全面的ISMS内部审核，若追加审核则须经信息安全负责人批准。内审采取按部门审核的方式。

信息安全管理体系有效性测量应在内审前进行，通过内审活动检查度量指标的正确性。

5.2 审核前的准备

5.2.1 组建内部审核组

(1) 审核组长由信息安全负责人任命，是ISMS内部审核的负责人；

(2) 信息安全管理部门根据审核组长的指示，制定审核计划，并且指导内部审核员实施审核计划；

(3) 内部审核员组成审核组，分别对不同部门进行审核，人员分配时要注意：内部审核员与审核对象无直接责任和管理关系，以确保审核过程的公正性和客观性。

5.2.2 审核方案

信息安全管理部门在审核组长的指导下负责制定具体的内部审核方案，上报信息安全负责人审批后实施。

审核方案的内容包括：

(1) 审核的目的、范围、受审的过程（条款）及重点；

(2) 审核的准则；

(3) 审核所涉及的部门、负责人及设施；

(4) 审核组；

(5) 审核时间及日程安排。

5.2.3 制定检查表

内部审核员按分工分别制定检查表。检查表应列出受审部门和条款、审核方式、时间、地点等。

5.3 实施审核

5.3.1 首次会议

由审核组长组织召开首次会议，目的是向审核对象介绍此次审核的目的和做法，并且需要在会议中确认好以下的内容：

(1) 确认审核组所需要的资源和设备是否已齐备；

(2) 确认审核组和审核对象高层管理者之间召开中间会议和末次会议的日期和时间；

(3) 澄清审核计划中的不明确的内容。

会议参加人员为信息安全负责人、信息安全管理部门、审核组长、审核组成员及受审核部门的负责人或指定代表。会议要有记录，出席人员需签到。

5.3.2 实施审核

首次会议结束后，内部审核员按“审核计划和检查表”进行现场审核。采用询问、观察、查询等方式收集数据，并做好记录。现场审核查出的问题，须经受审核部门的负责人确认。

5.3.3 确定不符合项

5.3.3.1 不符合项的类型

(1) 体系文件不符合标准要求；

(2) 活动或过程不符合程序要求。

5.3.3.2 不符合项的性质

根据不符合项的性质可分为：

(1) 严重不符合项。如系统失效、产生严重后果或缺少某个过程或某个过程完全失去运作；

(2) 一般不符合项。如个别或偶然出现、产生后果不严重。

审核中发现的不符合项要与审核对象交换意见，探讨问题产生的原因，协助提出纠正措施。

5.3.4 审核组内部沟通会议

在末次会议召开之前，审核组长应召开审核组内部沟通会议，对审核结果和出现的不符合项进行汇总分析，并编写“不符合项报告”，分类统计不符合项在各部门的分布。

“不符合项报告”整理完毕后，应提交给受审核部门的负责人签字。如发生异议，双方应相互沟通，认真确认。双方意见不能达成一致时，可请信息安全总负责人进行裁决。

5.3.5 末次会议

审核组长组织召开审核组成员和受审核部门参加的末次会议。目的是向相关人员对本次审核作相关情况说明，会议的主要内容：

（1）说明审核结果及不符合项的数量和分布情况；

（2）就组织信息安全管理体系有效运行、实现总的信息安全管理目标的有效性方面给出审核组的结论；

（3）澄清或回答受审核部门提出的问题。

会议参加人员为信息安全负责人、信息安全管理部门、审核组长、审核组成员及受审核部门的负责人或指定代表。会议要有记录，出席人员需签到。

5.4 编写审核报告

现场审核结束后三天内，审核组长应编写“内部审核报告”，经审核组全体成员讨论通过并签名后，上报信息安全总负责人。“内部审核报告”内容包括：

（1）审核的目的和范围；

（2）审核的准则；

（3）审核组人员名单；

（4）审核情况概述（包括日期、涉及部门及人员）；

（5）不符合项的统计与分析；

（6）审核结论；

（7）纠正措施要求；

（8）分发对象。

5.5 纠正措施和跟踪

有关部门接到“内部审核报告”和“不符合项报告”之后，负责按要求制定和落实纠正措施，并将结果以书面形式提交给审核组长。

审核组长负责对纠正措施执行情况进行跟踪检查，以验证其实施效果，必要时，组织复审。

当纠正措施涉及文件更改时，应按“文件管理程序”的规定进行。

4.2.4 管理评审程序

管理评审程序〔35〕

编号：D²CB/ISMS－2－CX004－2020	
密级：内部	
编制：宋新雨	年　月　日
审核：闫芳瑞	年　月　日

〔35〕 GB/T 22080—2016/ISO/IEC 27001：2013：《信息技术　安全技术　信息安全管理体系　要求》的9.3“管理评审”。

（续）

批准：柴璐	年　月　日	
发布日期：	年　月　日	
实施日期：	年　月　口	
分发人：	分发号：	
受控状态：　■受控	□非受控	

大都商业银行

V1.0

版本及修订历史

版本	修订人	审核人	批准人	生效日期	备注
V1.0	宋新雨	闫芳瑞	柴璐	2020-07-14	新建

1 目的

为确保组织信息安全管理体系持续的适宜性、充分性和有效性，以满足GB/T 22080—2016/ISO/IEC 27001：2013的要求事项和组织的信息安全方针及信息安全目标，特制定本程序。

2 适用范围

本程序适用于组织信息安全管理体系的管理评审。

3 术语和定义

4 职责

（1）行领导

负责主持管理评审活动。

（2）信息安全负责人

- 负责制定信息安全管理评审计划；
- 负责编制信息安全管理体系的运行状况报告；
- 负责汇报以往信息安全管理评审所确定措施的实施情况及有效性；
- 负责编制信息安全管理评审报告。

（3）信息安全管理部门

- 负责按照信息安全管理评审计划进行会议资料的收集、整理，生成上一年度信息安

全管理数据分析报告；

- 负责编制信息安全体系文件修改方案；
- 编制并保存信息安全管理评审的相关记录；
- 负责准备并提供各部门工作相关的评审所需的材料；
- 负责实施评审中提出的有关纠正和预防措施。

5 评审程序

为确保组织的ISMS保持其持续的适宜性、充分性和有效性，应定期召开管理评审会议。

5.1 评审时间

（1）定期评审

管理评审以会议方式为主，在经营责任者或其授权人的主持下，就内部信息安全管理体系运行及日常工作中存在的问题提出解决办法，制定并实施纠正和预防措施。评审频度一般为每年至少1次，与上次管理评审间隔一般不超过12个月，并在年度外部审核之前完成管理评审。

（2）临时评审

当组织结构、业务等外部环境发生重大变化，或发生重大安全事件时，经营责任者、信息安全总负责人认为有必要紧急评审、修改组织的信息安全管理体系时，可以召开临时管理评审，解决存在的问题。

5.2 评审的参加者

管理评审的参加人员如下所示，若因为某种原因参加不了的，在得到行领导的许可后，可指派代理出席。

（1）行领导；

（2）信息安全负责人；

（3）信息安全管理部门人员；

（4）信息安全管理部门负责人；

（5）信息安全员；

（6）ISMS审核组成员；

（7）其他信息安全负责人认为需要参加的人员。

5.3 评审计划

每年年初，信息安全总负责人应根据组织的信息安全工作情况制定管理评审计划，报经营责任者批准后实施。

管理评审计划主要包含以下内容：

（1）评审的目的；

（2）评审内容（明确本次评审的重点）；

（3）评审的准备工作要求；

（4）参加人员；

（5）评审时间安排等。

信息安全管理部门根据信息安全管理评审计划汇总相关资料，提前发给参加会议的人员，以便大家准备评审意见。

应在评审前10~15天通知组织内有关人员做好评审前的准备工作。

5.4 评审输入

对信息安全工作进行管理评审时，其输入应包含下列内容：

(1) 上次管理评审决议的落实情况。

(2) 体系运行效果，包括：

- 有关相关方的反馈；
- 信息安全目标实现情况；
- 内部审核的情况，不符合及纠正措施的执行情况；
- 信息安全有效性测量分析结果；
- 外部供方的情况等。

(3) 资源配备与使用情况。

(4) 以往风险评估没有充分强调的威胁或脆弱性。

(5) 风险评估方法和风险评估报告。

(6) 残余风险和已确定的可接受的风险级别。

(7) 可能影响ISMS的任何变更，包括组织结构、技术、业务目标和过程、已识别的威胁、已实施控制的有效性以及外部事件（如法律法规环境的变更、合同义务的变更和社会环境的变更等）等方面的变更。

(8) 体系改进的建议。

5.5 评审内容

(1) 信息安全工作是否符合信息安全方针；

(2) 信息安全工作存在的问题、改进措施及其预期效果；

(3) 信息安全目标的达成程度，如：是否满足市场和顾客的需求；

(4) 评估ISMS变更的需要；

(5) 内部和外部信息安全审核的有关结果及纠正和预防措施的实施情况。

评审会议应有记录，由信息安全管理部门进行记录和管理。在管理评审记录中要标识负责人和完成期限。

5.6 评审报告

信息安全管理部门将评审记录整理出评审报告，报告内容应包括以下方面的任何决定和措施：

(1) 信息安全管理体系及其过程有效性的改进；

(2) 风险评估和风险处理计划的更新；

(3) 与顾客要求有关的服务提供的改进；

(4) 资源需求；

(5) 正在被测量的控制措施有效性的改进。

评审报告经经营责任者审批后，发给有关部门并由信息安全管理部门存档。

5.7 评审后的跟踪措施

根据管理评审结论和要求，存在问题的各责任部门需在评审后制定出相应的纠正和预防措施计划，经信息安全总负责人批准后实施。信息安全管理部门应根据管理评审报告的要求，监督、检查各责任部门的落实情况，验证实施情况，并对实施效果作出评价。

因管理评审而导致的体系文件的更改以及纠正和预防措施应分别按“文件管理程序”和“纠正和预防措施控制程序”进行或实施。

4.2.5 信息安全有效性测量与审计程序

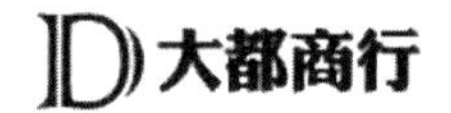

信息安全有效性测量与审计程序[36]

编号：D^2CB/ISMS－2－CX005－2020	
密级：内部	
编制：宋新雨	年　月　日
审核：闫芳瑞	年　月　日
批准：柴璐	年　月　日
发布日期：	年　月　日
实施日期：	年　月　日
分发人：	分发号：
受控状态：　■受控	□非受控

大都商业银行

V1.0

版本及修订历史

版本	修订人	审核人	批准人	生效日期	备注
V1.0	宋新雨	闫芳瑞	柴璐	2020－07－14	新建

〔36〕 GB/T 22080—2016/ISO/IEC 27001：2013《信息技术　安全技术　信息安全管理体系　要求》的9.1“监视、测量、分析和评价”。

1 目的

为确保信息安全管理体系符合组织的安全策略和标准，特制定本程序。本程序制定了衡量信息安全管理体系的整体有效性和持续改进能力的原则和程序，这些原则和程序将在组织内执行以维持组织期望的信息安全水平。

2 适用范围

本程序适用于组织信息安全管理体系涉及的所有人员（含组织管理人员、普通员工、第三方人员）和组织的全部重要信息资产及过程。

3 术语和定义

4 职责

（1）信息安全负责人

负责审核有效性测量目标值，评审有效性测量报告，指定信息安全审计人员。

（2）信息安全管理部门

指导并监督信息安全推进组制订和维护有效性测量的目标值，组织各部门内进行有效性测量工作，编制有效性测量相关报告。

（3）信息安全推进组

负责本部门内的信息安全有效性测量工作，为有效性测量提供真实、有效的数据和资料。

5 工作程序

5.1 有效性测量要求

为了保持各部门内部良好的信息安全管理状态及第一时间发现和处理不符合项，确定各控制措施的有效性，信息安全管理部门组织各部门进行信息安全管理体系的有效性测量工作。

5.1.1 时机和频度

由信息安全管理部门发起，各个部门实施有效性测量应该每年至少进行1次。除此以外，为了提升部门内信息安全管理水平，信息安全管理部门负责人也可以指定其认为必要和合适的时机和频度。

5.1.2 流程控制

各部门应根据组织的信息安全相关规定，确定有效性测量的项目和程序，如实填写“信息安全管理体系有效性测量表”，在部门内实施自我评估，包括对控制措施符合性和有效性的评估。在此过程中一定要考虑组织的业务特点和信息安全相关规定中定义的安全要求以便使工作和程序尽可能地符合实际。部门自主实施的有效性测量，也要符合上述要求。

由信息安全管理部门对各部门填写的有效性测量结果进行汇总分析，形成报告作为信息安全管理体系的重要输入。

5.1.3 报告结果和纠正措施实施计划

信息安全管理部门负责人必须把有效性测量的结果和纠正措施实施计划报告给信息安

全负责人。纠正措施实施计划对于提高组织信息安全管理和实践的水平是非常必要的。纠正措施实施计划包括下列项目：

(1) 对纠正措施的简单描述，包括当前实践和要达到的目标之间的差距分析；

(2) 各个目标的时间计划；

(3) 指定完成纠正措施的负责人。

5.2 信息安全审计

为了确保各个部门的信息安全在管理和技术角度符合信息安全规定，及时发现和处理技术脆弱性，信息安全负责人应当确保定期进行信息安全审计。信息安全审计可通过组织内部（“内部审计”）或第三方（“外部审计”）进行。信息安全负责人负责确定要使用的审计手段（内部或外部审计）。组织应根据信息安全审计的结果采取必要措施维持组织的信息安全管理和实践水平。

5.2.1 审计人员

信息安全负责人负责指定审计人员。为了实现审计的目的，内部审计人员必须是具有掌握最新信息技术并了解组织信息安全管理体系的人或组织，一般由内部审核员承担。

5.2.2 时机和频度

组织的内部审计应该每年至少进行1次。但为了提升组织的信息安全管理和实践水平，信息安全负责人可以指定其认为必要和合适的时机和频度。

5.2.3 审计控制

审计人员和信息安全管理部门必须就审计的要求和活动（包括业务操作和IT系统的检查）进行仔细计划并达成一致，将有可能对组织业务过程造成破坏的风险降到最低。在信息安全负责人的协调下确保下列各项必须得到信息安全委员会的认可：

(1) 审计要求、范围和程序；

(2) 许可审计人员对审计作业相关的必要软件和数据（特别是不具有写保护的）的访问；

(3) 提供支持检查的必要IT人员；

(4) 例外数据处理和操作的要求。

5.2.4 纠正措施

信息安全负责人应根据审计人员提交的“信息安全审计记录表”制定纠正措施实施计划并进行跟踪直至这些措施纠正或提高了组织的信息安全管理和实践的水平。纠正措施实施计划及其进展应该根据需要向信息安全总负责人汇报。纠正措施实施计划包括下列各项：

(1) 对纠正措施的简单描述，包括当前实践和要达到的目标之间的差距分析；

(2) 各项目标的时间计划；

(3) 指定完成纠正措施的负责人。

5.3 有效性测量和信息安全审计涉及的内容

5.3.1 技术脆弱性、符合性管理

信息安全审计将确保对技术脆弱性的控制，减少利用公开的技术弱点导致的风险。从

以下特定的领域考虑实施控制，包括：

（1）公用服务器/开发用服务器的管理；

（2）测试环境与生产环境分离状况；

（3）认证/加密措施的有效性；

（4）禁止使用未经授权许可的设备；

（5）信息安全漏洞、弱口令；

（6）防病毒软件的有效性。

5.3.2 符合信息安全策略和标准

各部门的有效性测量将确保各部门的管理状况符合组织的信息安全策略及标准。如果测量发现了不符合项的情况，应该采取以下措施：

（1）确定不符合项的原因；

（2）对纠正不符合项所需要的处理措施进行评估；

（3）确定和实施适当的纠正措施；

（4）评审所采取的纠正措施。

纠正措施实施应形成计划，按照5.1.3的要求实施。

4.2.6 信息安全事件管理程序

信息安全事件管理程序〔37〕

编号：D²CB/ISMS－2－CX009－2020		
密级：内部		
编制：宋新雨	年　月　日	
审核：闫芳瑞	年　月　日	
批准：柴璐	年　月　日	
发布日期：	年　月　日	
实施日期：	年　月　日	
分发人：	分发号：	
受控状态：	■受控	□非受控

〔37〕A.13“信息安全事件管理”及等保2.0的8.1.10.12“安全事件处置”。

大都商业银行

V1.0

版本及修订历史

版本	修订人	审核人	批准人	生效日期	备注
V1.0	宋新雨	闫芳瑞	柴璐	2020-07-14	新建

1 目的

信息安全事件不可避免将影响到组织业务的开展，为在信息安全事件发生时，能够采用一致的、有效的方法对其响应，特制定本规定。

本规定规定了组织信息安全事件的管理，包括事件分类、评审、响应、事件的调查处理、防止再发生的措施过程的职责权限、内容和方法要求等。

2 适用范围

本规定适用于组织信息系统发生的所有信息安全事件的检测、上报和处理等过程。

3 术语和定义

4 职责

（1）信息安全委员会

信息安全委员会是组织信息安全事件管理的领导机构，负责组织信息安全事件的评审、响应和改进，其他部门配合。

（2）信息安全事件响应小组

信息安全管理部门负责组织信息安全事件响应小组。主要职责包括：

落实信息安全委员会部署的各项任务；

监督执行信息安全委员会下达的应急指令、重大应急决策和部署，协调各方面资源；

及时了解和掌握信息安全突发事件预应急处置工作情况，向信息安全委员会报告事件处置过程中发现的重大问题，并协调解决；

参与信息安全事件调查、总结应急处理经验和教训等后期处置工作。

（3）所有员工

所有员工都有义务报告信息安全事态/事件。

5 工作规定

5.1 信息安全事件的分类分级

信息安全事件分类分级依据GB/T 20986—2023《信息安全技术　网络安全事件分类分级指南》，共分10类，分别为：恶意程序事件、网络攻击事件、数据安全事件、违规操作事件、安全隐患事件、信息内容安全事件、设备设施故障事件、异常行为事件、不可抗力事件、其他事件；将信息安全事件划分为四个级别：特别重大事件、重大事件、较大事件和一般事件。

5.2 信息安全事件的处理

5.2.1 计划和准备

为了有效地处理信息安全侵害，首先进行如下活动：

(1) 建立信息安全事件管理机制，并得到经营责任者的批准；

(2) 通过培训、简报或其他机制使组织所有员工了解组织的信息安全事件管理机制，了解什么样的安全侵害需要上报，以及如何上报信息安全侵害；

(3) 对负责管理信息安全事件管理机制的人员、信息安全事件的决策者和事件调查中涉及的人员进行培训。

5.2.2 上报[38]

组织所有员工，对于以下安全侵害必须进行上报：

(1) 已经对业务运行或信息安全造成实际损害的；

(2) 相关人员发现异常，并且认为极有可能危害业务运行和威胁信息安全的；

(3) 违反组织信息安全策略的。

一旦发现、检测或观察到潜在的或实际发生的信息安全事态，应先向其所在部门的信息安全管理部门负责人报告，信息安全管理部门负责人知晓后必须以填写“信息安全事件报告单”的方式立即把信息安全事态报告给信息安全管理部门。

5.2.3 评审[39]

(1) 由信息安全管理部门组织进行首次评审，确定这起安全侵害是否为信息安全事态或是一个错误的警报；如果是信息安全事态，则应由信息安全委员会组织进行第二次评审。

(2) 第二次评审

确认是否为信息安全事件，如果是信息安全事件则立即触发响应机制，同时采取必要的取证分析和通报行动。

(3) 评审处理结果

● 如果信息安全事件已被控制，触发随后必须的进一步响应，并记录所有信息用于事件的评审；

● 如果事件失去控制，触发危机救援并召集相关人员，例如组织负责业务连续性的管理人员和工作组。

(4) 记录所有活动，以备后续分析。

(5) 更新“信息安全事件记录表”。

---

〔38〕 A. 16. 1. 2“报告信息安全事态”；A. 16. 1. 3“报告信息安全弱点”。

〔39〕 A. 16. 1. 4“信息安全事态的评估和决策”。

5.2.4 响应[40]

信息安全管理部门负责组织信息安全事件响应小组，并收集安全侵害的有效信息，对上报的安全侵害进行评审，确定此安全侵害是否为信息安全事态或仅是一个错误的警报：

（1）如果仅是错误的警报，则取消信息安全事件响应小组，恢复到正常状态。

（2）如果确认是信息安全事态，则立即上报信息安全委员会，由其进行第二次评审，具体评审过程参考5.2.3的相关内容。

信息安全管理部门应当对信息安全事件立即采取控制措施，同时收集必要的证据，并指导信息安全管理部门负责人填写“信息安全事件报告单”。

由信息安全委员会确定信息安全事件是否已被控制：

（1）如果信息安全事件已被控制，进行业务连续性的恢复工作，见“业务连续性管理规定”，并记录所有信息用于信息安全事件的评审，完善“信息安全事件报告单”。

（2）如果信息安全事件失去控制，则实施进一步响应机制或寻求紧急救援，如召集外部专业机构实施处理。同时记录所有活动，以备后续分析。

5.3 信息安全事件的改进[41]

信息安全事件解决完毕并经各方（可能包括外部相关方）同意结束处理过程后，进行下面的活动：

（1）进一步收集相关证据；

（2）迅速从信息安全事件中总结教训，还应该分析事件发展的趋势和模式；

（3）确定新的或经过变化的防护措施并立即付诸实施；

（4）确定对本文件的改进。

4.2.7 业务连续性管理程序

业务连续性管理程序

编号：D^2CB/ISMS－2－CX010－2020	
密级：内部	
编制：宋新雨	年　月　日
审核：闫芳瑞	年　月　日
批准：柴璐	年　月　日
发布日期：	年　月　日

〔40〕A. 16. 1. 5“信息安全事件的响应”。

〔41〕A. 16. 1. 7“证据的收集”；A. 16. 1. 6“从信息安全事件中学习”。

（续）

实施日期：	年 月 日
分发人：	分发号：
受控状态： ■受控	□非受控

大都商业银行

V1.0

版本及修订历史

版本	修订人	审核人	批准人	生效日期	备注
V1.0	宋新雨	闫芳瑞	柴璐	2020-07-14	新建

1 目的

本规定为了建立完整的业务连续性管理策略，保证信息安全管理的一级重要业务流程的连续性，特制定本管理程序。

2 适用范围

本程序适用于组织信息安全管理所覆盖的所有部门对业务连续性的控制管理。

3 术语和定义

4 职责

（1）信息安全委员会

负责领导业务连续性管理工作，并提供所需要的资源。

（2）信息安全管理部

在信息安全委员会的领导下，负责协调业务连续性管理工作。

负责编制业务连续性管理的相关指南，并提供相关培训和指导。

（3）相关部门

负责相关业务系统的业务影响分析，制定和执行相关的业务连续性计划。

5 管理流程及内容

5.1 预防业务中断[42]

（1）明确重要业务恢复所需关键岗位人员的备份方式，并确保备份人员可用。定期备

[42] A.17.2.1“信息处理设施的可用性”。

份数据是把重要数据复制到本机以外的地方，并加以安全保存。这些备份数据可用于业务中断后的系统恢复；备份数据的介质可有多种。例如：磁带、光盘、硬盘等，具体备份方法见“数据备份管理规定”。

（2）建立备用办公场所，并综合分析备用办公场所属地的自然环境、地区配套设施、区域经济环境、交通条件、政策环境和成本等各方面因素，确保不会与现有办公场所遭受同类风险。

（3）根据条件配备备用业务和办公场所资源，并在备用场所中配置业务操作和办公设备，确保内部设备处于可用状态，能够迅速启用。

（4）在“两地三中心”的生产灾备基础上，重点加强信息系统资源及配套基础设施的灾备建设，提高重要信息系统的灾备覆盖率，提升重要信息系统的持续运营能力。

5.2 进行业务影响分析[43]

5.2.1 定义关键业务优先级

每个部门都有一个或多个业务工作。有些业务是关键的，称为关键业务。关键业务按其重要性又可分为若干个级别，称为优先级。优先级的定义是基于最长可接受的停工期。因此关键业务的优先级也是中断后的恢复优先级。

为了便于各部门进行业务影响分析，组织决定采用3个优先级，具体如下：

优先级1的最长可接受的停工期为24h以内，优先级2的最长可接受的停工期为72h以内，优先级3的最长可接受的停工期为10天以内。各部门应根据其业务的重要性，定义出优先级。

5.2.2 执行关键业务影响分析

业务影响分析是所有业务连续性计划的基础。业务影响分析是识别由于业务中断（或停止营业）所产生的各种影响，包括财务影响、企业形象影响和法律法规责任等方面的影响等。

业务影响分析也是业务风险评估。各部门通过业务影响分析，形成关键业务影响分析表。

5.2.3 制定恢复计划

业务恢复是重新运行被中断的业务，并使其继续正常运行。

各部门对本部门关键业务进行分析，产生关键业务影响分析表之后，应制定本部门的“关键业务恢复计划表”。

5.3 组成业务连续性计划

业务连续性计划由经过上述阶段产生的关键业务影响分析表和关键业务恢复计划表组成。

各部门在完成上述各阶段的工作之后，按定义的业务连续性计划的格式，将关键业务影响分析表和关键业务恢复计划表组织在一起，形成各部门的业务连续性计划（具体参见

[43] A. 17. 1. 1“规划信息安全连续性”。

“业务连续性计划编写指南”）。

5.4 **维护业务连续性计划**

各部门在组成业务连续性计划之后，下一步工作就是维护业务连续性计划。

在维护过程中，各部门应每年进行业务连续性计划的检查和测试，如果发现需要更新的内容，及时更新计划。特殊情况（例如业务经常发生中断的情况）下，可以增加检查和测试次数。

5.5 **实施业务恢复计划**

各部门实施业务恢复计划。

5.6 **事件反应**

相关部门和人员对中断业务的事件，必须做出迅速反应，必要时按“信息安全事件管理规定”执行。

5.7 **业务恢复**

相关部门和人员执行关键业务恢复计划表，在规定的时间范围内恢复被中断的业务，使其继续正常运行。

4.3 典型文件编写（三）

4.3.1 访问控制管理规定

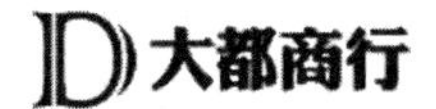

访问控制管理规定

编号：D^2CB/ISMS－2－GD001－2020		
密级：内部		
编制：宋新雨	年　月　日	
审核：闫芳瑞	年　月　日	
批准：柴璐	年　月　日	
发布日期：	年　月　日	
实施日期：	年　月　日	
分发人：	分发号：	
受控状态：	■受控	□非受控

大都商业银行

V1.0

版本及修订历史

版本	修订人	审核人	批准人	生效日期	备注
V1.0	宋新雨	闫芳瑞	柴璐	2020-07-14	新建

1 目的

为了明确用户访问控制管理的职责权限、内容和方法要求，特制定本规定。

2 适用范围

本规定适用于组织信息安全管理体系涉及的所有人员（含组织管理人员、普通员工、第三方人员，以下简称“全体员工”）。

3 术语和定义

4 职责

（1）信息安全管理部门

负责监督各部门在信息系统访问管理方面的工作，定期组织各部门进行系统权限审核工作。

（2）相关部门

负责所辖信息系统访问的日常管理，部门负责人负责本部门职责范围内的用户权限申请、变更、回收的审核工作，定期组织对本部门访问管理的自查。

（3）全体员工

遵守本办法的要求，按需申请信息系统的访问权限，严格管理分配给本人的用户和口令，不越权访问未被授权访问的内容。

5 管理要求

5.1 用户管理

（1）用户注册[44]

只有授权用户才可以申请系统账号，账号相应的权限应该以满足用户需要为原则，不得申请与用户职责无关的权限；

一人一账号，以便将用户与其操作联系起来，使用户对其操作负责，禁止多人使用同一个账号；

[44] A.9.2.1“用户注册和注销”；A.9.2.2“用户访问供给”。

用户因工作变更或离职时，管理员要及时取消或者锁定其所有账号，对于无法锁定或者删除的用户账号采用更改口令等相应的措施规避该风险；

管理员至少每半年检查并取消多余的用户账号。

(2) 用户口令管理和使用[45]

初始时以安全的方式提供给用户临时口令，并强制初次登录后必须对用户口令进行更改；

用户口令不得直接显示，同时不得以明文等未保护的形式存储在计算机系统内；

安装系统或软件后，需对系统或软件内的默认口令进行更改；

用户口令应至少达到以下要求：

- 口令长度不得小于8个字符；
- 口令应由大写字母、小写字母、数字和特殊符号中的三种或以上字符组成。

应定期变更用户口令，原则上用户口令必须至少每三个月更换一次，并且避免重新使用旧口令；

个人的用户口令不得与他人共享。

5.2 权限管理

所有重要服务器、应用系统要有明确的用户清单及权限清单，至少每半年进行一次权限评审[46]。

应对重要设备的操作系统、数据库、重要应用程序等特权账号[47]的创建、分配授权及使用进行严格控制，对特权账户的登录操作活动进行有效监控和定期审计，应满足以下安全要求：

(1) 严格限制和控制特权账户数，只有在需要时分配并授予最小的特权；

(2) 确认每一个系统的特权账户及需要获得该权限的人员类别，一般只授予系统管理员；

(3) 特权账户不允许直接使用其账户从事与系统管理无关的工作；

(4) 严禁删除保存期限内的日志。

对一般用户应仅拥有基础权限，每个人分配的权限以完成相应工作最低标准为准。

为防止未授权的更改或误用信息或服务的机会，按以下要求进行职责分配：

(1) 系统管理职责与操作职责分离；

(2) 信息安全审核具有独立性，日志的安全审查职责与日常工作权限责任分割。

信息系统应建立正式的用户注册和注销流程以授权或禁止用户对信息资源的访问。应明确信息系统访问账户的申请撤销、审批授权、权限变更、维护管理、定期复核等流程规范。

员工离岗或外包人员解除协议时，须申请回收或变更已经被授予的权限，信息系统用

[45] A.9.2.4“用户的秘密鉴别信息管理”；A.9.3.1“秘密鉴别信息的使用”。

[46] A.9.2.5“用户访问权的评审”。

[47] A.9.2.3“特许访问权管理”。

户管理人员必须及时对权限进行变更或撤销[48]。

信息系统用户管理人员对本系统其他用户的权限进行管理和维护，不得私自增加、修改、撤销其他用户权限和口令。普通用户在授权范围内完成自己的工作，不得擅自将用户名和口令转授他人使用，工作完成后应立即退出系统。

应严格限制对应用系统以及系统中存储的信息的访问，确保未经授权的用户无法访问资源，其中：

(1) 重要应用系统用户清单及权限必须进行定期评审，信息安全管理部门应根据应用系统清单至少每半年组织各部门进行一次权限评审，并形成记录；

(2) 各应用系统必须确定相应的系统管理员、数据库管理员和应用管理员；

(3) 相关人员申请应用系统的用户访问控制权限时，应填写相关系统的申请表，经过应用系统的归口管理部门负责人审核同意，由系统管理员授权后，方可使用相应的应用系统；

(4) 如果发生人员岗位变动，对应部门信息安全员应与相关系统管理员联系，告知系统管理员具体的人员变动情况，便于系统管理员及时调整岗位变动人员的系统访问权限；

(5) 应用系统的用户必须遵守各应用系统的相关管理规定，必须服从应用系统的管理部门的检查监督和管理，禁止员工未经授权使用系统实用工具[49]；

(6) 应用系统用户必须严格执行保密制度。对各自的用户账号负责，不得转借他人使用。

5.3 系统访问控制[50]

应严格控制用户对操作系统、数据库和中间件的访问，包括但不限于：

(1) 应对操作系统、数据库和中间件的用户进行分级，针对不同安全等级的用户设置不同的访问控制策略，使用适当的鉴别措施；

(2) 应对用户登录成功和失败的情况、登录后的访问行为进行记录，保证用户访问行为的可审计性；

(3) UNIX、LINUX等系统需使用加密等安全的方式登录系统；

(4) 进入操作系统必须执行登录操作，禁止将系统设定为自动登录；

(5) 日常非系统管理操作时，只能以普通用户登录。

系统的登录过程应保障账号和口令安全：

(1) 记录失败的登录次数，超过限定时，须采取必要的账号冻结措施；

(2) 通过互联网登录时，须对登录通道进行加密。

重要服务器应设置会话超时限制，不活动会话应在一个设定的休止期5min后关闭。

在应用系统开发阶段，对应用系统的访问控制和权限管理功能进行开发，保证应用系统功能能满足访问控制要求。

---

[48] A.9.2.6“访问权的移除或调整”。

[49] A.9.4.4“特权实用程序的使用”。

[50] A.9.4.2“安全登录规程”。

5.4 网络访问控制[51]

所有员工禁止利用网络访问违法网站及内容。

客户及第三方人员不允许直接通过行内有线或无线网络访问互联网，如需访问互联网应当在专设的隔离区进行。

行内应制定严格的VLAN划分，对行内重要功能区域的访问进行控制。

(1) 网络设备

● 网络设备配置的网络管理员账号由专人统一管理，保存账号及口令的电子文件需加密保存，并存放在可靠的安全环境下；

● 网络管理员口令须符合口令复杂度要求，并定期更改；

● 网络管理员不得向任何非授权人员泄露网络设备的管理员账号及口令。

(2) 远程访问管理

远程接入的用户认证：

● 凡是远程接入行内开发测试网的用户需通过VPN认证接入；

● 用户口令须符合口令复杂度要求，并定期更改；

● 任何远程接入用户不得将自己的用户名、口令透露给他人，包括同事，家人；

● 所有远程接入用户的客户端或个人电脑必须安装防病毒软件并且病毒库升级到最新。

远程接入用户的接入应记录相关日志，对用户的登录等行为进行审计。

(3) 无线网络访问管理

● 应对无线网络进行授权管理；对需要使用无线网络的设备，通过绑定设备序列号或MAC地址（硬件地址）等硬件特征信息对无线网络进行准入控制，未经批准不允许接入行内无线网络；

● 如有已授权访问的设备，取消授权，应及时对其MAC地址解绑。

5.5 信息交流控制[52]

信息交流方式包括数据交流、电子邮件、电话、纸质文件、谈话、录音、会议、传真、短信、IM工具等。

可交流的信息，需符合保密管理要求。

行内使用的信息交流设施在安全性上应符合国家信息安全相关法律法规及行内安全管理规定的要求。

不能在公共场所或者敞开的办公室谈论机密信息。

对信息交流应作适当的防范，如不要暴露敏感信息，避免通过电话被偷听或截取。

不得将敏感或关键信息放在打印设施上，如复印机、打印机和传真，防止未经授权人员的访问。

使用传真的人员注意下列问题：

---

〔51〕 A. 9. 1. 2“网络和网络服务的访问”。

〔52〕 A. 13. 2“信息传输”。

（1）未经授权对内部存储的信息进行访问，获取信息；

（2）故意的或无意的程序设定，向特定的号码发送信息；

（3）向错误的号码发送文件和信息，或者拨号错误或者使用的存储在机器中的号码是错误的。

在使用电子通信设施进行信息交流时，应采用加密方式防止交流的信息被截取、备份、修改、误传以及破坏。

4.3.2 物理与环境安全管理规定

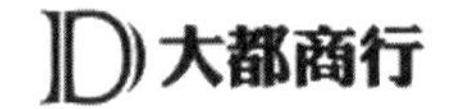

物理与环境安全管理规定

编号：D^2CB/ISMS－2－GD002－2020	
密级：内部	
编制：宋新雨	年　月　日
审核：闫芳瑞	年　月　日
批准：柴璐	年　月　日
发布日期：	年　月　日
实施日期：	年　月　日
分发人：	分发号：
受控状态：　■受控	□非受控

大都商业银行

V1.0

版本及修订历史

版本	修订人	审核人	批准人	生效日期	备注
V1.0	宋新雨	闫芳瑞	柴璐	2020－07－14	新建

1 目的

为规范大都商业银行物理和环境安全管理，确保各区域安全管理要求得到有效落实和顺利开展，特制定本规定。

2 适用范围

本规定适用于ISMS范围内有关物理和环境安全的各项活动。

3 术语和定义

4 职责

（1）信息安全管理部门

- 是本规定的归口管理部门；
- 负责本规定的修订、解释和说明及协调实施工作。

（2）全体员工

了解本规定的相关内容，根据本规定落实相应的管理措施并执行。

5 安全管理规定[53]

5.1 机房区域安全管理

机房建设安全管理应符合相关的国家标准和行业管理部门、监管机构的要求（例如国家标准GB 50174—2017《数据中心设计规范》）。

（1）机房值班管理要求

各类机房必须根据要求设置相应的值班人员，在值班期间应做好值班记录，对值班期间发生的异常事件及情况进行记录，确保只有授权的人员才允许访问。

如值班期间发生突发事件，首先应判断是否属于信息安全事件，如属于信息安全事件的则应参照信息安全事件处理流程进行处理。

（2）机房设备管理原则[54]

统一管理：机房内部设备应由机房管理部门统一进行登记和管理。

集中登记：对于各类机房设备应按其类别、用途、购买时间等相关信息进行集中登记。

分区安放：机房内部设备应根据设备用途划分区域进行放置和使用。

定期保养：应组织相关部门和人员定期对设备进行检测保养，确保设备符合使用要求。

（3）机房设备、设施管理

机房选址时应尽量选择安全可靠的场所，以减少来自环境的威胁或危害，并减少未授权访问的机会。

重要机房应采取UPS、应急供电措施等手段降低电力中断的风险。

空调等其他基础设施应合理配置，以避免因为该类支持性设施失效所导致的系统中断。

机房应对电缆及设备进行清晰易识别的编号标识，以避免处理失误。

---

〔53〕等保2.0的8.1.1“安全物理环境”；等保2.0的8.1.10.1“环境管理”。

〔54〕A.11.2.1“设备安置和保护”。

机房应采取相应措施保护电缆，避免因此带来的数据泄密或服务中断[55]。

机房网络布缆应尽量避免被窃听或损坏，应利用电缆管道或避开公众区域，为了防止相互干扰，电源电缆应与通信电缆分开。

设备重用、废止时应及时清除机密信息，保证信息的安全性。

设备搬入或搬离机房前应提交申请，经过机房管理部门相关负责人审批同意后方可进行。

(4) 门禁卡管理[56]

机房管理部门应严格控制机房门禁卡的发放，员工申请机房门禁卡时必须经机房管理部门领导审批。

发生内部人员变动，如人员离职、职位变化等涉及调整机房访问权限的情况时，应将权限变更流程作为人事调动手续的常规组成部分，以确保权限修改的及时性。具体参见“人力资源安全管理规定”。

(5) 机房防鼠管理

为防止老鼠啮咬供电线缆或通信线缆导致故障，机房内应按照国家标准和行内相关要求，根据机房的等级采取对应的防鼠灭鼠措施。

如使用鼠药灭鼠，应使用具备国家资质的合格厂商的产品，并定期检查鼠药是否过期。对于老鼠尸体应及时与物业、保洁等部门联系清理，防止污染机房。

为防止食品碎屑或其他物品引来老鼠，严格禁止携带食物、饮料进入机房内。

5.2 重要区域安全管理

重要区域指除机房以外的需要重点保护的区域，例如运维人员专用终端操作室、监控室、介质存储仓库、重要文件资料存放区域等，主要区域的安全管理包括以下几个方面。

(1) 重要区域出入管理[57]

各重要区域的管理部门或使用部门承担本区域的安全管理责任，对该重要区域的访问进行管理控制，可由行政部协助对物理环境进行安全管理。

对于各类重要区域，应采取隔离措施（如独立门禁）以确保其物理访问的独立性，必要时可在重要区域出入口处安排独立的安保人员。

对重要区域应实施出入登记制度。

外来人员进入重要区域前应经过审批。

重要区域应只允许有访问权限的员工进入，外来人员如需进入重要区域，在审批通过后还应由具有访问权限的内部员工全程陪同。

无重要区域访问权限的员工因工作需要必须临时进入重要区域时，应向本部门提出申请，经本部门负责人及相应重要区域使用部门批准后方可进入。

(2) 重要区域环境安全管理

在重要区域出入口处应设置视频监控系统，实施不间断监控，应对视频监控记录定期

---

[55] A. 11. 2. 3“布缆安全”。

[56] A. 11. 1. 2“物理入口控制”；等保 2. 0 的 8. 1. 1. 2“物理访问控制”。

[57] A. 11. 1. 2“物理入口控制”。

存档。

应采取措施确保重要区域的温湿度设置等符合设备工作及文档、凭证的存放要求。

重要区域应采取防火、防水、防盗措施，确保其内部设备、文档、凭证的安全。存放介质的重要区域除需要考虑防火、防水、防潮外，还应考虑防磁、防辐射要求。

(3) 重要区域防鼠管理

存放文档、凭证等纸质材料的重要区域应考虑防鼠害要求。为防止食品碎屑或其他物品引来老鼠，严格禁止携带食物、饮料进入重要区域内。

如使用鼠药灭鼠，应使用具备国家资质的合格厂商的产品，并定期检查鼠药是否过期。对于老鼠尸体应及时与物业、保洁等部门联系清理，防止污染机房。

存放文档、凭证等纸质材料的重要区域还应考虑防霉、防虫等要求。

5.3 办公环境安全管理

所有外来人员须在一楼大厅进行登记后才可出入办公场所或公共访问区域[58]。

所有进入人员必须佩戴身份识别卡，如发现没有佩戴身份识别卡的陌生人员，应提高警觉，并问询其身份。

门卫或接待员要严格履行职责，坚持文明执勤，礼貌待人，做好办公楼的警卫和巡查工作。

发现违反出入管理或其他安全规章制度的隐患和问题时，物业管理部门应迅速采取措施解决或及时联络行政部。

门卫及接待员应阻止本部门员工及外来人员携带易燃、易爆、易污染、易腐蚀、易潮等危险品和带有强磁场、强辐射等可能对设备运行产生干扰的物品进入办公场所。

未经允许，不应将设备、重要信息等带到工作场所之外。严禁将属于信息技术部的设备、软件和信息带出使用。

5.4 办公区域安全管理[59]

员工应在公共接待区接待外来人员，未经允许，不得私自将外来人员带入办公区域内，应在公共区接待外来人员。

未经允许，严禁在办公区域内进行摄影、摄像、录音等记录日常办公行为的活动。

员工应妥善保管自身持有的办公区域的门禁卡、钥匙等，如发现遗失，应及时向相关的门禁管理和物业管理部门进行报告。

所有人员应懂得防火知识，掌握灭火技能，熟悉逃生通道，熟悉本岗位的防火责任，会扑救初起火灾；发生火灾会报警，并有组织现场人员及时疏散的责任。

消防器材应放置在明显和便于取用的地方，设专人管理，定期检查维修，保证其完好性。

负责早上巡视的人员应检查工作照明设备和应急灯是否正常开启照明；空调运行是否正常，有无异常味道、漏水和声音。

---

〔58〕 等保2.0的8.1.8.4“外部人员访问管理”。

〔59〕 A.11.1.3“办公室、房间和设施的安全保护”；A.11.1.5“在安全区域工作”。

员工如发现办公区域存在安全隐患（例如门禁失效、窗户损坏等），应及时联系行政部相关人员，由其及时联系相关公司排除隐患。

不得将饮用水、强磁辐射物品等对终端PC有害物质放置在任何电子设备附近。

文件柜使用人将本部门重要、保密的文件存放在上锁的文件柜中，应妥善保管好钥匙。如不慎丢失，请立即通知行政部人员加配钥匙，避免造成严重的后果。

为防止文件丢失及不必要的事情发生，各部门指定一名保管人负责管理本部门公共文件柜及钥匙。

下班后，员工必须关闭电脑，锁好自己管辖内的抽屉及办公柜，将桌面清理干净、椅子插入工位方可离开。如下班后电脑在运行数据，需进行明显标识[60]。

最后离开办公室的员工必须检查公司所有电源，包括饮水机、碎纸机、打印机等，并关好门窗，以确保公司财产安全。

节假日前要认真进行安全、防火检查，并酌情安排值班人员。被安排值班的员工应坚守工作岗位，不得擅离职守。

5.5　设备安全管理

自动化运行的设备必须是未登录状态，屏幕是有口令保护的锁屏状态。

员工外出工作安全：

（1）不得在公开场所登录中心系统和内网；

（2）不得在公开场所使用中心的数据介质；

（3）不得把计算机和数据介质单独放置在公开场所；

（4）与客户一起工作时，需要离开自己的计算机，无论时间长短必须主动锁屏且有口令保护。

设备重用或报废必须经过正式的流程。

设备重用或报废必须彻底删除内部可能存储的数据[61]。

4.3.3　介质安全管理规定

D) 大都商行

介质安全管理规定

编号：D^2CB/ISMS－2－GD003－2020
密级：内部
编制：宋新雨　　　　　　　　　　年　月　日

〔60〕 A. 11. 2. 8“无人值守的用户设备”；A. 11. 2. 9“清理桌面和屏幕策略”。

〔61〕 A. 11. 2. 7“设备的安全处置或再利用”。

（续）

审核：闫芳瑞	年　月　日	
批准：柴璐	年　月　日	
发布日期：	年　月　日	
实施日期：	年　月　日	
分发人：	分发号：	
受控状态：	■受控	□非受控

大都商业银行

V1.0

版本及修订历史

版本	修订人	审核人	批准人	生效日期	备注
V1.0	宋新雨	闫芳瑞	柴璐	2020-07-14	新建

1 目的

为规范组织内部各类介质的申请、借用、使用、管理以及将介质带出组织外部时的要求，以防止因操作不当引发的信息泄露，特制定本规定。

2 适用范围

本规定适用于组织内各类介质的使用、存放、销毁及运输过程。

3 术语和定义

4 职责

（1）信息技术部

- 是本规定的归口管理部门；
- 负责本规定的修订、解释和说明及协调实施工作；
- 负责保管不在使用中的介质，管理介质的借用、归还及使用记录；
- 负责光盘的刻录、回收及销毁；
- 负责对介质的维护、维修；
- 负责批准各部门因工作需要而要长期使用介质（如U盘等）。

（2）相关部门

负责执行本规定的相关内容。

5 管理要求[62]

5.1 介质的使用

（1）可移动存储设备

该类介质（包括移动硬盘、U盘等同类介质）在连接计算机的接口或外接接口时，必须填写“IT设备借用登记表”。使用该类介质需注意以下事项：

- 因工作需要用户在使用可移动存储设备时，须填写“IT设备借用领用申请表”并注明使用环境（生产环境、测试环境等），向IT部门提出借用申请。
- IT责任人将借用的可移动存储设备交给申请人员，并填写“IT设备借用登记表”。
- 借用的可移动存储设备只能由借用者本人使用。
- 使用可移动存储设备存储受限信息前须得到部门管理者的批准。
- 使用完毕后，须将不使用的可移动存储设备归还IT部门，IT责任人须填写“IT设备借用登记表”中的相应内容。
- IT责任人在回收借用完毕的可移动存储设备后须将其进行格式化以便下次使用，并将填写的使用记录进行整理归档管理。
- 如因工作需要须长期使用可移动存储设备的人员，需经信息安全管理部门负责人批准后，再向IT部门申请。因工作需要的特殊人员（如财务人员等，需经常拷贝安全等级为商密【高】信息的人员）应配给加密的可移动存储设备。IT责任人须填写“IT设备借用登记表”。
- 任何职能部门在长期使用可移动存储设备时不得在其上面存储受限信息，如果因业务需要不得不存储受限信息时，使用后要及时格式化。
- 可移动存储设备的借用者不得私自将设备再转借他人。
- 使用移动存储设备之前，必须先在安装有防病毒客户端的办公终端上进行全面病毒扫描，确保没有病毒后，方可继续使用。
- 任何员工不得私自使用个人所有的可移动存储设备。

（2）软盘、刻录光盘、磁带等同类介质

该类介质在使用时须借助其他设备来进行刻录、录制，如，使用软驱、刻录光驱、磁带机等。使用该类介质需注意以下事项：

- 在使用刻录光盘、磁带等同类介质进行存储、刻录的，录制前须得到信息安全管理部门负责人的批准；
- 在刻录、录制前，部门IT责任人须对要刻录、录制的内容进行检查；
- 在刻录、录制工作完成后，须进行登记，登记的内容包括：部门、项目组、申请人、日期、内容、操作人。

---

[62] A.8.3.1“移动介质的管理”；等保2.0的8.1.10.3“介质管理”。

(3) 纸质介质

该类介质为打印、复印及传真的书面资料。

● 所有员工在打印结束后应及时将打印的资料从打印区拿走；

● 对有受限信息的纸张不允许重复打印使用；

● 在复印受限信息的资料前须经过部门管理者的批准；

● 复印结束后应及时将与复印相关的资料拿走；

● 传真受限信息的资料须得到部门管理者的批准；

● 传真受限信息的资料时，必须仔细检查收件人的传真号码的正确性；

● 打印、复印和传真的纸张应注意平整、无污渍，以保证资料的清晰有效及防止操作设备被损坏；

● 任何人员不得私自将存有受限信息的纸质资料带出工作场所。具体参见“信息标识与处理程序”。

5.2 介质的存放

根据介质所存信息的安全等级，对介质进行合理的存放，存放时应对介质进行登记、标识以便管理。

(1) 可移动存储设备

● 申请借用的可移动存储设备由借用者负责保管；

● 不在使用中的移动存储设备由IT责任人负责统一保管；

● 存有受限信息的可移动存储设备，持有人应妥善保管，未经许可不得带出组织；

● 存有受限信息的可移动存储设备须由信息安全管理部门负责人进行标识和保管，应将设备保管在带锁的物理设施中，并填写“介质存放登记表”，登记的内容应包括：保管人、存储内容、保管期限；

● 存有非受限信息的可移动存储设备应由信息安全管理部门负责人指定专人进行保管，不得随意放置；

● 存放时应注意周围环境的可靠性及安全性，注意设备接口的保护。

(2) 软盘、刻录光盘、磁带等同类介质

● 存有受限信息的刻录光盘、磁带等同类介质应由信息安全管理部门负责人进行标识和保管，应将刻录光盘、磁带保管在带锁的物理设施中，并填写“介质存放登记表”；

● 存有非受限信息的刻录光盘、磁带等同类介质应由信息安全管理部门负责人指定专人进行保管，不得随意放置；

● 存放时应注意周围环境的可靠性及安全性，同时须注意对光盘盘面、磁带的保护。

(3) 纸质介质

● 存有受限信息的纸质介质应由信息安全管理部门负责人进行标识，装订保管在带锁的物理设施中，并填写“介质存放登记表”；

● 存有非受限信息的纸质介质不得随意放置，应由信息安全管理部门负责人指定专人进行装订、保管；

● 存放时应注意周围环境的可靠性及安全性，注意纸张的防潮、防火及缺损。

5.3 介质的销毁[63]

介质所存储信息不再使用时，不得将介质随意丢弃，必须统一回收并由IT部门进行专门的作废处理，纸质介质可按照规定自行处理。

(1) 可移动存储设备

● 可移动存储设备不再使用时应彻底删除其存储的信息（如进行物理格式化）；

● 彻底删除信息后的存储设备若是向第三方租用的，则应在使用完毕后及时归还；若是申请长期租用的，则在格式化后由借用者负责保管；

● 可移动存储设备作废时，必须利用焚化或切碎等不能使信息复原的方法处置介质。

(2) 软盘、刻录光盘、磁带等同类介质

● 当光盘、磁带上的信息作废时，不得将光盘、磁带随意丢弃，应将其统一交给IT部门进行处理；

● IT部门应根据项目的要求对作废光盘、磁带等同类介质保存一定的时期，并填写废弃光盘、磁带等同类介质的“IT设备作废登记表”中的相关内容；

● 在保管期限之后IT部门应采用专业的方法对废弃的光盘、磁带进行处理，处理时须保证上面的信息不被泄露；

● 光盘、磁带在销毁后应及时通知相关人员，并将“IT设备作废登记表”上的相关内容进行标记。

(3) 纸质介质

对于已作废的打印、复印或传真的纸质资料不得随意丢弃，需进行切碎处理，具体信息参见“信息标识与处理程序”。

5.4 介质的转移[64]

介质在带出组织时应做必要的防护手段，防止信息泄露，对存有商密【高】信息的介质，严禁邮寄；对存有商密【中】及以下的介质邮寄时须选择可靠的合作机构。

(1) 可移动存储设备

● 对存有安全等级为商密【高】信息的可移动存储设备在带出时，须得到信息安全管理部门负责人批准；对存有安全等级为商密【中】信息的可移动存储设备在带出时，须得到部门管理者批准。存有此类安全等级信息的介质带出时应由部门IT责任人填写“IT设备带出登记表”的相关内容。

● 可移动存储设备的维修应由IT部门负责，在设备被带出维修时，IT部门须保证可移动存储设备所存储的内容在维修期间的保密性及完整性。

● 可移动存储设备在带出时，携带人员须注意设备的安全，防止被他人使用而发生存储信息的泄露，必要时应带具有加密功能的移动存储设备，并对设备进行加密处理。

● 注意可移动存储设备的安全，防止设备本身遭到损坏，从而导致所存储的信息无法

---

[63] A.8.3.2“介质的处置”。

[64] A.8.3.3“物理介质的转移”。

使用。

（2）软盘、刻录光盘、磁带等同类介质

● 对存有安全等级为商密【高】信息的介质在带出时，须得到信息安全管理部门负责人批准；对存有安全等级为商密【中】信息的介质在带出时，须得到部门管理者批准。存有此类安全等级信息的介质带出时应由部门IT责任人填写“IT设备带出登记表”的相关内容。

● 在光盘、磁带等同类介质带出时应防止被他人使用而发生存储信息的泄露。

● 应注意介质的安全，防止介质本身遭到损坏，从而导致上面的信息无法读取。

（3）纸质介质

● 对存有安全等级为商密【高】信息的纸质资料在带出时，须得到信息安全管理部门负责人批准；对存有安全等级为商密【中】信息的纸质资料在带出时，须得到部门管理者批准。存有此类安全等级信息的介质带出时应由部门IT责任人填写“IT设备带出登记表”的相关内容。

● 在纸质资料带出时，携带人员须确保资料不被无关人员阅读，应使用文件夹携带；纸质资料带出时须进行装订，防止纸张丢失、破损。

4.3.4 网络安全管理规定

网络安全管理规定

编号：D^2CB/ISMS－2－GD004－2020		
密级：内部		
编制：宋新雨	年 月 日	
审核：闫芳瑞	年 月 日	
批准：柴璐	年 月 日	
发布日期：	年 月 日	
实施日期：	年 月 日	
分发人：	分发号：	
受控状态：	■受控	□非受控

大都商业银行

V1.0

版本及修订历史

版本	修订人	审核人	批准人	生效日期	备注
V1.0	宋新雨	闫芳瑞	柴璐	2020-07-14	新建

1 目的

本规定规范了大都商业银行网络安全管理要求，保障网络在使用过程中的安全性。

2 适用范围

本规定适用于对组织范围内使用的所有网络的安全管理。

3 术语和定义

4 职责

（1）信息技术部

- 组织制定、修订本规定；
- 依据本规定执行网络的建设、运行管理和维护工作。

（2）信息安全管理部门

- 负责各部门的网络安全管理的宣贯和推进；
- 负责组织监督和检查本规定的实施情况。

5 管理流程及内容〔65〕

5.1 基本要求

各部门必须建立良好的访问控制机制，确保网络设备不会被非授权访问。比如各类网络设备的口令设置应遵循用户账号及密码管理相关规定；

网络设备应开启必要的网络审计功能，能够对相应的安全事件进行追踪和审计，审计日志应保留6个月以上；

各部门应通过合理、安全的设备配置降低网络攻击和其他网络安全事件发生的风险；

定期对路由和访问控制列表等网络重要配置信息进行评审；

定期对重要网络设备配置进行备份，重要设备配置更改后也应及时地进行备份。备份后应及时验证该备份的有效性和完整性。

〔65〕 A.13.1.1“网络控制”；等保2.0的8.1.2“安全通信网络”。

5.2 网络架构安全[66]

关键网络区域的核心网络设备需要具备相应的冗余能力，保证关键网络的可用性；

关键网络链路需要具备相应的冗余能力，以保证关键网络链路的可用性；

重要网络区域必须通过部署相应的安全设备或实施其他技术手段而具备相应的安全监控、隔离和审计功能。

5.3 网络区域划分与隔离[67]

各部门的网络应按照安全级别和功能进行区域划分，不同区域根据其安全级别采用合适的安全防范措施；

不同的安全区域间应该实施相应隔离措施；

开发测试网络必须与生产网络隔离；

逻辑隔离的网络区域间实施默认拒绝的访问控制策略，合理设置访问控制规则，只允许指定的网络访问；

各接入用户应在授权的网络区域内工作，跨越权限使用网络的，网络管理员应提出警告。

5.4 远程接入和第三方网络接入[68]

各部门内部网与互联网连接必须采取隔离保护措施，原则上只允许从内向外的指定网络访问；

未经批准，严禁生产网络与互联网直接连接。对于确需连接的分行，必须实施足够的安全隔离保护措施，并将方案上报信息安全管理部门审批后才能实施；

应对员工移动办公（VPN）接入内部网络实施统一管理，并根据按需审批的原则确保只有合适的人员被授予远程接入的权限；

因为业务需要生产网络或内部网络需要与第三方网络进行连接，必须设置技术隔离措施以进行充分的安全防护；

未经授权第三方设备不应连入各部门内部网络或生产网。如确有接入需求，应向各部门网络管理部门进行申请，经审批通过后方可连入各部门建设的第三方人员专用网络或VLAN，该专用网络与内部网络之间必须实施技术隔离措施。

5.5 无线网络接入[69]

应划分独立网段或虚拟局域网，进行安全隔离和访问控制，防止未授权访问；

禁止所有未授权的无线网络接入点（AP）连入各部门内部网络或生产网络；

互联网WLAN应与内部网络实施严格隔离；

应通过绑定设备序列号或MAC地址（硬件地址）等硬件特征信息对无线接入点进行准入控制；

---

〔66〕 等保2.0的8.1.2.1“网络架构”。

〔67〕 A.13.1.3“网络中的隔离”。

〔68〕 A.6.2.2“远程工作”。

〔69〕 银保监办发〔2018〕50号《中国银保监会办公厅关于加强无线网络安全管理的通知》。

内网 WLAN 网络名称（简称 SSID）应采用规范的命名规则，禁止使用缺省的 SSID，生产环境禁止使用 SSID 广播；

应采用安全、可靠的加密协议，对无线通信信道进行安全加密；

应确保无线网络设备的物理安全，并采取安全基线管理措施，启用必要的安全设置，禁用不必要的服务，禁止使用弱口令；

接入内网 WLAN 的应经过审批授权方可接入。

5.6 网络行为管理

与第三方的网络服务协议应包含安全机制、服务级别和相关管理要求〔70〕；

任何人员未经授权不允许进行网络扫描、探测或嗅探等行为，如确有需求，应向各部门网络管理组或信息安全组申请，经审批后方可实施；

各部门应部署统一的上网行为管理软件，监控网络内的操作行为，并生成相关日志。

4.3.5 人力资源安全管理规定

人力资源安全管理规定

编号：D^2CB/ISMS－2－GD005－2020	
密级：内部	
编制：宋新雨	年　月　日
审核：闫芳瑞	年　月　日
批准：柴璐	年　月　日
发布日期：	年　月　日
实施日期：	年　月　日
分发人：	分发号：
受控状态：　■受控	□非受控

〔70〕 A. 13. 1. 1“网络服务的安全”。

大都商业银行

V1. 0

版本及修订历史

版本	修订人	审核人	批准人	生效日期	备注
V1. 0	宋新雨	闫芳瑞	柴璐	2020-07-14	新建

1 目的

本规定旨在加强大都商业银行人员的信息安全管理，确保组织人员信息安全策略目标的实现。

2 适用范围

本规定适用于组织信息安全管理体系涉及的所有人员（含组织管理人员、普通员工、第三方人员）。

3 术语和定义

本规定中所指“人员”不仅包括编制内的正式员工，同时包括借调、轮岗、派遣的内部人员，如：研发、咨询、运维支持、技术支持等人员以及第三方人员，其工作内容和性质与编制内正式员工一致。所有人员的信息安全管理应严格遵照本规定执行，并根据本规定的各项要求进行管理和考核。

4 职责

（1）信息安全管理部门

参与本管理规定的制定和修订更新，并协助人力资源及培训部完成各部门人员的信息安全培训计划，对组织人员进行信息安全意识培训和信息安全持续教育。

（2）人力资源及培训部

负责本管理规定的制定和更新，对各部门的员工在入职、任用、转岗、离职各环节进行信息安全管理；负责各部门信息安全岗位人员全年培训计划的整体管理，并组织资源协助各部门落实相关培训。

（3）相关部门

负责贯彻执行本规定的相关内容。

5 管理要求

5.1 人员招聘入职管理〔71〕

各部门应根据本部门已规划和上报的岗位设置情况，明确各岗位信息安全职责具体

〔71〕 A. 7. 1“任用前”；等保 2. 0 的 8. 1. 8. 1“安保人员录用”。

要求。

人力资源及培训部对重要岗位或敏感岗位的信息安全职责要求进行统一审核和备案，根据需要协助完成人员的招聘工作。

人力资源及培训部负责确定重要岗位或敏感岗位人员名单，每年底进行更新。对于重要岗位或敏感岗位需要进行应聘人员的背景调查时，人力资源及培训部负责对其工作经历、诚信、犯罪记录等信息进行调查核实，并保存相关调查记录。

人力资源及培训部负责组织新进员工签订劳动合同，合同中应明确规定员工需承担的包括保密要求在内的信息安全责任，也可以根据岗位情况和人员情况，与新进员工签订单独的保密协议，保密协议模板见“附件1：员工保密协议模板”。

新员工入职后，人力资源及培训部组织的入职培训中应包括信息安全制度的学习、信息安全意识教育等相关内容。各部门也可根据工作需要，适时组织信息安全的相关培训[72]。

5.2 人员在职与转岗管理[73]

员工在职期间，必须遵守信息安全相关管理规定，履行合同、保密协议所规定的信息安全职责，发现信息安全事件及时报告，并配合相关部门和人员进行事件的处理。

为保证员工能够充分履行信息安全职责，各部门应积极开展提高员工信息安全意识与技能的各项培训，并对培训效果进行回顾，详细要求见“员工培训管理指南”。

如果员工岗位发生变化，相关部门应检查重要信息资产的交接情况，并对员工转岗前后的各信息系统内的个人账号和访问权限及时进行更新。

对员工在职期间违反信息安全管理制度的行为，各部门根据相关规定进行处理，对责任人及负有领导责任的人员予以处罚，直至追究民事或刑事责任。

5.3 人员离职安全管理[74]

员工离职时，人员所在部门应依照该员工签署的保密协议，审核其脱密期，并明确告知其在离职后的仍然有效的信息安全保密责任。

员工离职时应根据员工离职交接单所列出的信息资产归还交接清单，及时交还相关信息资产和物品，尤其是要归还所有敏感资料，并由归还资产的接收部门进行审核和确认。

人力资源及培训部及离职员工所在部门应及时通知相关部门关闭离职员工账号及访问权限，同时由各个信息系统的管理部门或管理人员完成该用户账号和访问权限的回收确认，包括应用系统权限、办公系统及邮箱权限等，离职交接表详见“附件2：员工离职申请表”。

---

〔72〕 等保2.0的8.1.8.3“安全意识教育和培训”；A.7.2.2“信息安全意识、教育和培训”。

〔73〕 A.7.2“任用中”。

〔74〕 A.7.3“任用终止和变更”；等保2.0的8.1.8.2“人员离岗”。

4.3.6 信息资产安全管理规定

D 大都商行

信息资产安全管理规定

编号：D^2CB/ISMS－2－GD008－2020	
密级：内部	
编制：宋新雨	年　月　日
审核：闫芳瑞	年　月　日
批准：柴璐	年　月　日
发布日期：	年　月　日
实施日期：	年　月　日
分发人：	分发号：
受控状态：　■受控	□非受控

大都商业银行

V1.0

版本及修订历史

版本	修订人	审核人	批准人	生效日期	备注
V1.0	宋新雨	闫芳瑞	柴璐	2020－07－14	新建

1 目的

本规定规范了用于组织范围内信息资产的安全管理责任，确保信息资产得到适当的保护的方法要求。

2 适用范围

本规定适用于对组织 ISMS 范围内使用的所有信息资产安全管理。

3 术语和定义

4 职责

（1）信息安全管理部门

- 是本规定的归口管理部门；
- 负责本规定的修订、解释和说明及协调实施工作；

- 负责组织信息资产的安全管理工作。

（2）相关部门

负责组织本部门信息资产安全管理的落实工作。

5 管理流程及内容

5.1 资产的识别

各相关部门按照“信息资产分类分级规定”进行资产的识别和分类分级。

5.2 资产的使用[75]

- 信息资产的使用都获得资产拥有者或资产归属部门负责人的批准；
- 全体员工必须遵守本行信息资产的安全管理策略使用或访问信息资产，保障信息资产的保密性、完整性和可用性；
- 必须获得相关授权后或在其权限的范围内，合理地使用或访问信息资产；
- 员工一旦发现违反信息资产保护策略的情况，必须立即通知资产拥有者和信息安全管理处室，提醒采取补救措施；
- 授予访问本行信息资源的第三方，应告知使用者相关安全要求，包括信息保密要求、组织内信息分发要求、访问结束后的信息销毁和信息返还要求等。

5.3 资产的保管

- 须妥善保管信息资产，定期检查信息资产保存环境及信息资产的状况，以保证信息资产可用；
- 信息资产保存环境发生变更或迁移时，须做好保护措施，防止该过程中发生不应有的信息变化、丢失或泄露。

5.4 资产的归还[76]

- 员工离职时应归还其使用的设备、软件、门禁卡、数据、文件等物品，相关工作人员必须及时收回其物理和逻辑访问权限；
- 员工转岗时应及时收回其原有各类访问权限，并向交接人转移其原有岗位所涉及的各类信息资产并做好相应的记录。

5.5 资产的销毁[77]

- 资产销毁前应由信息资产管理部门负责人审批后方可进行销毁；
- 资产销毁过程中，信息资产拥有者应对销毁过程做出详细记录，注明信息资产销毁时间、销毁原因、销毁方式；
- 信息资产在销毁过程应当考虑对其承载且需要保存的数据进行备份，对存储过重要敏感数据或安装过授权软件的信息资产，在销毁前应对残留数据进行技术处理或对存储部件进行拆除，确保重要敏感数据和授权软件无法复原。

---

〔75〕 A.8.1.3“资产的可接受使用”；等保2.0的8.1.10.2“资产管理”。
〔76〕 A.8.1.4“资产归还”。
〔77〕 A.8.2.3“资产的处理”。

4.3.7 法律法规符合性管理规定

D 大都商行

法律法规符合性管理规定

<table>
<tr><td colspan="3">编号：D²CB/ISMS－2－GD010－2020</td></tr>
<tr><td colspan="3">密级：内部</td></tr>
<tr><td colspan="2">编制：宋新雨</td><td>年　月　日</td></tr>
<tr><td colspan="2">审核：闫芳瑞</td><td>年　月　日</td></tr>
<tr><td colspan="2">批准：柴璐</td><td>年　月　日</td></tr>
<tr><td colspan="2">发布日期：</td><td>年　月　日</td></tr>
<tr><td colspan="2">实施日期：</td><td>年　月　日</td></tr>
<tr><td colspan="2">分发人：</td><td>分发号：</td></tr>
<tr><td>受控状态：</td><td>■受控</td><td>□非受控</td></tr>
</table>

大都商业银行

V1.0

版本及修订历史

版本	修订人	审核人	批准人	生效日期	备注
V1.0	宋新雨	闫芳瑞	柴璐	2020－07－14	新建

1 目的

为保证信息安全管理体系在运行过程中能够符合所有必需的法律法规及合同中的要求，特制定本规定。

2 适用范围

本规定适用于ISMS建设及运行过程中出现的与法律法规及合同要求有关的活动。

3 术语和定义

4 职责

(1) 信息安全负责人

负责支持法律法规符合性的评审活动。

（2）信息安全管理部门

负责法律法规及合同要求的识别。

（3）相关部门

负责实施相应的控制措施以满足这些要求，并提供有关法律法规及合同要求满足情况所需的材料。

5 法律法规与合同列表[78]

组织识别的信息安全相关法律法规、监管要求及合同包括但不限于：

（1）信息安全相关的法律法规、行政法规和法律解释等；

（2）监管部门发布的监管要求文件、通知等；

（3）其他必要的法律法规及合同。

6 管理要求

6.1 保护信息系统相关知识产权[79]

应保护的知识产权包括商标、版权、图像、文字、音视频、软件、信息和专利等其他权利，包括大都商业银行自有的知识产权和第三方的知识产权。

对于大都商业银行自有和第三方知识产权的保护，应遵循相关的我国法律、法规要求和相关合同约定。

对于大都商业银行自有或与合作伙伴共有的软件知识产权保护，应采取的控制措施包括但不限于：

（1）保护源代码完整、有效，限制对源代码的访问，防止代码泄露，对源代码进行数据备份。

（2）与开发人员和具备源代码访问权限人员签订保密协议。

（3）使用加密工具或加密算法等。

对于第三方软件知识产权的保护，应采取的控制措施包括但不限于：

（1）应对采购的商用软件进行统一保存、登记和安装。

（2）应指定专人对外购软件进行登记，记录外购软件的名称、许可期限、服务费用等，以便及时了解外购软件许可期限、免费升级等情况。

（3）应指定专人对外购软件的许可证原件、软件安装盘原件进行保存，存放在安全、独立的物理环境中，如上锁的柜子里。

（4）应指定专人制定并定期更新大都商业银行授权软件清单，列明允许用户使用的软件，包括自行开发的软件、第三方开发的软件、外购的商用软件和免费软件。

6.2 个人信息和隐私保护[80]

应保护个人信息和隐私，在信息安全工作中所获得含有个人信息或隐私的数据，只有经过合适的授权才能访问，并用于信息安全事件调查等工作，不得用于任何非业务或未授

---

〔78〕 A. 18. 1. 1“适用的法律和合同要求的识别”。

〔79〕 A. 18. 1. 2“知识产权”。

〔80〕 A. 18. 1. 4“隐私和个人可识别信息保护”。

权目的。

6.3 密码控制要求[81]

为了确保密码在使用中遵守相关法律、法规和规范，对于密码控制相关问题应注意以下事项：

(1) 仅使用符合国家相关法律、法规和规范中批准使用的密码技术。

(2) 执行密码功能的计算机硬件和软件应使用信誉度高，经过专业机构评测的产品。

7 工作程序

7.1 法律法规合同评审

7.1.1 评审频次

法律法规评审以会议方式为主，由信息安全负责人主持，对组织须满足的法律法规及合同的安全要求进行讨论，识别新的要求，并评价原有法律法规及合同的安全要求的满足情况，就存在的问题提出解决办法，制定并实施纠正和预防措施，一般1年进行1次法律法规以及合同的评审。

在下述情况下，由信息安全负责人决定临时增加评审的频次：

(1) 法律法规发生变化时；

(2) 签署新的合同时；

(3) 由于法律法规及合同的安全要求问题导致重大问题时。

7.1.2 评审计划

每年年初，信息安全管理部门应根据组织信息安全管理工作情况编制评审计划，报信息安全负责人批准后实施。

7.1.3 评审内容

(1) 识别新的法律法规及合同要求；

(2) 评审组织信息安全管理工作是否符合法律法规的要求；

(3) 评审组织信息安全管理工作是否满足合同的要求。

评审会议应有记录，由信息安全管理部门负责记录，评审记录至少保存1年。

7.1.4 评审报告

信息安全管理部门负责将评审记录整理出评审报告，报告内容应包括与以下方面有关的任何决定和措施：

(1) 满足法律法规的措施的改进；

(2) 满足合同要求的措施的改进；

(3) 对新要求的控制措施、资源需求以及实施人员。

评审报告由经营责任者批准，并由信息安全管理部门分发至信息安全管理部门负责人。

7.2 控制措施的实施与跟踪

有关部门接到评审报告后，负责根据评审报告的内容对控制措施、纠正与预防措施的

---

[81] A. 18. 1. 5“密码控制规则”；等保 2. 0 的 8. 1. 10. 9“密码管理”。

要求采取必要的措施，以满足有关的法律法规以及合同的要求。

措施的实施情况由信息安全管理部门跟踪检查，以验证其实施效果。当措施的采取涉及文件更改时，应按"文件管理程序"进行。控制措施的实施与验证结果应作为下一次评审的输入之一。

4.3.8 密钥管理规定

D 大都商行

密钥管理规定

编号：D^2CB/ISMS－2－GD011－2020	
密级：内部	
编制：宋新雨	年　月　日
审核：闫芳瑞	年　月　日
批准：柴璐	年　月　日
发布日期：	年　月　日
实施日期：	年　月　日
分发人：	分发号：
受控状态：　■受控	□非受控

大都商业银行

V1.0

版本及修订历史

版本	修订人	审核人	批准人	生效日期	备注
V1.0	宋新雨	闫芳瑞	柴璐	2020－07－14	新建

1　**目的**

本规定规范了大都商业银行系统密钥从生成到销毁的生命周期的管理要求。

2　**适用范围**

本规定适用于对组织ISMS范围内使用的所有密钥的管理。

3 术语和定义

4 职责

(1) 信息技术部

- 指定专人负责加密机等软硬件维护；
- 负责密钥生成、分发、注入、保管、更换和销毁时的技术支持。

(2) 信息安全推进组

负责各部门的密钥安全管理的宣贯和推进。

(3) 信息安全管理部门

负责组织软件安全的检查、督导工作。

5 密钥管理原则

密钥的生成、分发应在安全的环境中进行。

不允许由任何一个人单独掌握与加密相关的所有信息，如加密设备钥匙和密码等。

遵循分隔操作、双重控制、分级分段、相互制约的原则。

本行的密钥体系遵循有关国际、国内和行业标准，采用分级密钥体系，共分为三级。密钥应进行安全保护和管理。

重要信息系统涉及的高级别密钥应采取分级、分段、分部门保管措施。

要严格区分生产、备份和开发/测试密钥，将重要级别的密钥纳入统一管理和备份管理；

密钥管理人员应作为核心涉密人员管理，加强保密教育。

6 管理流程及内容[82]

6.1 密钥生成

密钥必须使用计算机工具或系统进行生成。一般由IT部门或该系统业务管理部门在计算机上产生密钥数据。各分段密钥管理员应将生成的密钥组件记录在密钥专用储存介质或密码信封中，并将其保存在保险箱中。

各级机构密钥生成后，应填写“密钥生成登记表”，记录密钥生成过程信息。

6.2 密钥分发

通过工具或系统产生所需密钥后，通知系统进行密钥的获取和导入，相关密钥申请、生成、分发、导入工作，一般由工具或系统自动完成，并形成相应记录。

需要采用人工方式分发的密钥，每一段密钥组件的分发与接收应分别由不同的密钥管理员负责，由各部门安排专人领取并落实签收制度。各级单位密钥管理员接收到密钥后，应将接收时间及接收者姓名等基本资料记录在案、存档保管。

6.3 密钥注入

注入密钥一般由IT部门和业务部门密钥管理员以背靠背方式，在密钥监督人员监督下共同完成。密钥管理员现场操作时，其他人员必须退出到看不到密钥存储设备操作面板

---

[82] A.10.1.2“密钥管理”。

的地方。注入完毕后，操作面板上不得留下任何密钥内容。

各部门密钥注入后，应填写“密钥注入登记表”，详细记录密钥注入的过程，并由注入人员签名确认。

在密钥注入后，用于密钥注入的分发介质要做好管理，要进行现场销毁或当作备份介质交由密钥备份人员管理。

密钥存储在安全设备中，在软件系统中的密钥必须利用安全设备中的密钥加密，如果加密密钥也存放在软件系统中，则应采取操作系统安全保护级别（如系统密码）的保护措施。

6.4　密钥保管

对生成、领取、注入后的密钥数据及IC卡，由业务部门和IT部门或领用机构的业务部门和IT部门分段进行妥善保管，用信封签封后存放在保险柜中，并进行记录。

6.5　密钥更换

用于通信安全的工作密钥必须定期更换，具体频率视系统类别、安全风险及运行状况及更新成本因素来确定。

用于机密数据存储保护的密钥（如PVK）需要定期验证，硬件加密机维护人员在确认其存在安全风险时，应及时进行更新。更新后需要对所有相关数据转加密，即利用旧密钥解密然后再使用新密钥重新加密。

对于密钥体系中的最高级别密钥（如LMK），密钥持有人在定期验证其安全性的前提下，可以不更新，但如果在安全性验证过程中发现其存在安全风险，必须进行更换，与此相关的其他密钥也需要进行更换。

6.6　密钥销毁

新密钥生成后，原密钥必须从加密设备中清除，原密钥数据必须销毁。IC卡中的密钥数据由IT部门负责，使用加密设备进行销毁。

当密钥的安全性被破坏或密钥期满时，密钥应被安全地销毁。

对于存储在软件系统中的密钥和存放在外部的明文密钥（如密钥信封），要采用恰当且完备的措施销毁，确保不可恢复，销毁的内容应该包括相关的密钥成分信函、智能卡、备份介质等。

销毁过程应有相关人员监督和档案记录。

4.3.9　日常运行安全管理规定

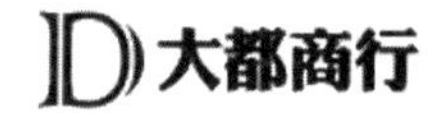

日常运行安全管理规定

编号：D^2CB/ISMS－2－GD012－2020
密级：内部

（续）

编制：宋新雨	年 月 日
审核：闫芳瑞	年 月 日
批准：柴璐	年 月 日
发布日期：	年 月 日
实施日期：	年 月 日
分发人：	分发号：
受控状态： ■受控	□非受控

大都商业银行

V1.0

版本及修订历史

版本	修订人	审核人	批准人	生效日期	备注
V1.0	宋新雨	闫芳瑞	柴璐	2020-07-14	新建

1 目的

为规范信息技术部日常运行安全管理和监督检查，规范员工安全行为，特制定本规定。

2 适用范围

本规定适用于信息技术部各类应用系统的日常运行活动。

3 职责

（1）信息技术部

本规定的归口管理部门，负责本规定的修订、解释和说明及协调实施工作。

（2）相关部门

贯彻执行本规定的相关内容。

4 运行原则及管理内容

4.1 基本原则

日常操作行为应遵循“视野可及”“行为可控”“痕迹可审”的原则。

生产运维操作应遵循职责分离的原则。

日常运行维护工作应遵循开发、测试和运营环境严格分离的原则，禁止在生产环境中进行开发、测试相关工作[83]。

员工权限的分配应遵循权限最小化原则，仅为员工授予履行其职责所必需的最低权限。

4.2 流程文件与操作手册[84]

应对各类日常运维操作建立流程文件，流程文件中应明确责任人、操作流程和相关角色等关键要素，操作流程发生变化时应及时对流程文件进行修订和更新。

应根据安全要求、流程文件、技术规范等要求编制操作手册并适时更新；根据操作手册实施操作时应进行记录，应妥善保留记录，并定期组织对记录文件的检查。

应定期组织对员工进行制度文件、流程文件和操作手册培训，并进行必要的考试。

4.3 运维值班与事件报告

应安排好运维值班时间，确保运维值班人员满足值班工作的要求。

员工在值班期间应做好运行监控、设备巡视。

值班期间发生异常事件，应按照"重要信息系统突发事件报告管理办法"进行报告和处置；发现信息安全事件或隐患应按照"信息安全事件管理程序"进行报告和处置。

4.4 变更管理[85]

应对变更进行严格管理，消除或降低变更风险。确保变更的实施必须得到审批，变更前进行风险评估，变更完成后进行变更结果的验证。

由信息技术部提交的变更申请，应评估变更可能导致的潜在风险，对高风险或中型及重大级别变更应制定应急和回退方案。其他变更级别要求回退步骤。

由大都商业银行内部其他相关部门提交的变更申请，应评估变更相关材料的完整性、实施变更的可操作性和时间窗口。

所有变更均应经过相应层面的审批，实施部门和配合部门在变更实施完成后应进行变更验证。紧急变更可用通过口头形式审批但事后必须补单。

4.5 日志管理[86]

应明确日志（包括系统活动日志、故障日志、管理员日志、操作员日志等）保存的要求，日志应被记录保存至少6个月，定期对日志文件进行归档保存，以便于日志的查询、分析和审计。

应实施管理和技术控制措施，对日志文件加以保护，防止未授权的访问和篡改，避免日志文件的不可使用、丢失或损坏。

运维操作人员应定期对运维层面的日志（如设备日志等）进行审计和分析，并进行记录，在日志分析中发现异常信息时，应及时报告。信息安全工作小组负责对堡垒机登录日志和其他日志进行审计。

---

[83] A. 12. 1. 4"开发、测试和运行环境的分离"。

[84] A. 12. 1. 1"文件化的操作规程"。

[85] A. 12. 1. 2"变更管理"；等保2.0的8. 1. 10. 10"变更管理"。

[86] A. 12. 4. 1"事态日志"；A. 12. 4. 2"日志信息的保护"；A. 12. 4. 3"管理员和操作日志"。

4.6 恶意代码〔87〕

应按统一要求安装用于防范恶意代码的软件，及时安装补丁、更新恶意代码库；应定期进行统一的恶意代码扫描和检查。

4.7 信息系统审计安全〔88〕

使用信息系统审计工具前，必须制定书面方案详细描述工具的部署、使用过程和结果，只有经过批准的审计工具才能实施。

原则上审计工具应在具有同等效果的测试环境下运行。

使用审计工具进行审计工作，必须严格遵守审计方案在规定的时间和范围内实施，系统运行支持人员应当监控审计过程。

审计单位需要作为证据的材料应在获得批准后留存。

4.8 其他管理要求

容量管理〔89〕。应做好容量监控工作，确保信息技术部拥有足够的能力以满足当前和未来一段时间业务发展的需求。

时钟同步〔90〕。应采取管理或技术措施确保生产环境中的设备、网络和系统的时钟同步，应通过设置时钟同步服务器、人工定期核对等方式确保生产环境保持时钟同步。采用人工核对方式确保时钟同步的，应每季度进行一次核对并进行记录。

集中监控。应采取措施确保各自职责范围内直接用于监控生产运行的系统平台得到适当的集中，应用、系统、网络、机房环境及硬件设备的监控终端应集中在生产运维区。

补丁管理〔91〕。应及时关注技术漏洞和补丁的最新情况，结合现状评估安装补丁的必要性，从正规途径获得经过测试的补丁，及时并正确地安装补丁。

密钥管理。应严格管理职责范围内用于加解密的密钥，密钥应专人管理，并对密钥的使用进行记录。

配置管理。应根据配置项及其属性制定配置基线。

生产环境中不得安装与生产无关的软件，生产相关软件在安装前应经过版权确认和安装审批；办公环境不得安装盗版软件。应使用软件安装管理程序来严格控制在运行系统上安装软件〔92〕。

---

〔87〕 A. 12. 2. 1“恶意软件防范”；等保 2. 0 的 8. 1. 10. 7“恶意代码防范管理”。
〔88〕 A. 12. 7. 1“信息系统审计的考虑”。
〔89〕 A. 12. 1. 3“容量管理”。
〔90〕 A. 12. 4. 4“时钟同步”。
〔91〕 A. 12. 6. 1“技术方面脆弱性的管理”。
〔92〕 A. 12. 5. 1“运行系统的软件安装”；A. 12. 6. 2“软件安装限制”。

4.3.10 信息系统开发安全管理规定

D 大都商行

信息系统开发安全管理规定

编号：D2CB/ISMS－2－GD013－2020	
密级：内部	
编制：宋新雨	年 月 日
审核：闫芳瑞	年 月 日
批准：柴璐	年 月 日
发布日期：	年 月 日
实施日期：	年 月 日
分发人：	分发号：
受控状态： ■受控	□非受控

大都商业银行

V1.0

版本及修订历史

版本	修订人	审核人	批准人	生效日期	备注
V1.0	宋新雨	闫芳瑞	柴璐	2020－07－14	新建

1 目的

本规定旨在加强大都商业银行信息系统开发相关安全控制，保障信息系统本身的安全性以及开发、测试和投产过程的安全性，规范信息系统获取、开发与维护过程中的职责定义与流程管理。

2 适用范围

本规定适用于组织所有自主开发或购买的信息系统。

3 术语和定义

4 职责

(1) 信息安全管理部门

负责对本规定在各部门的整体落实执行情况进行检查监督。

(2) 项目需求部门

为提出该项目需求的部门，除功能需求外还负责在软件开发中心的协助下提出系统安全需求。

(3) 软件开发中心

为承担具体信息系统设计、开发实施的部门，负责进行系统安全需求分析。保证系统设计、开发、测试、验收和投产实施阶段满足项目安全需求和现有的系统安全标准和规范。组织系统安全需求、设计和投产评审。

5 设计原则及管理内容[93]

5.1 总体要求

安全系统工程的原则[94]：

(1) 风险可控原则：应在开发过程中进行风险控制与管理，对系统开发和维护持续开展风险监测、分析、报告工作，及时解决发现的问题并消除安全隐患。

(2) 保密性原则：应防止在开发过程中机密信息的泄露，选择合适的控制措施，减少第三方从系统和通信的行为中推断信息的可能性。

信息系统建设项目各阶段（尤其是需求设计、测试及投产等重要阶段）评审时，评审内容必须包括相应的安全要求。

系统安全评审时，应提交相应安全设计、实现或验证材料，对于评审中发现的问题相关责任部门应及时整改。

对于公共可用系统及重要信息数据的完整性应进行保护，以防止未经授权的修改。同时，网上公开信息的修改发布遵循业务部门的相关管理规定，只有经过授权流程后才能修改相应信息。

研发部门的开发维护人员与操作人员的岗位职责要实现分离。

应建立系统变更控制程序[95]。包括但不限于：确保由授权的用户提交变更；评审控制措施和完整性程序，确保不因变更而损坏；在变更开始之前，获得正式的批准；确保在每个变更完成之后更新系统文档记录，并将旧文档归档。维护所有系统更新的版本控制；确保变更的实施发生在适当的时刻。不会影响所涉及业务的连续性。

系统的变更可能会影响运行环境，因此变更前应建立与生产、开发环境完全隔离的测试环境，对新系统进行充分测试，保证对新系统进行可靠的控制。不应在关键系统中使用自动更新，因为某些更新可能会影响应用程序的正常运行。

---

〔93〕 A.14.2.1“安全的开发策略”。
〔94〕 A.14.2.5“系统安全工程原则”。
〔95〕 A.14.2.2“系统变更控制规程”。

应评审应用的完整性，确保其不因操作系统变更而被破坏。

应对软件包的修改进行控制并限制必要的变更，且对所有的变更加以严格控制[96]。

应尽量避免对厂商提供的软件包进行修改。在必须修改软件包时，应注意的事项包括但不限于：

（1）避免损坏软件包的完整性。

（2）获得厂商的同意。

（3）跟踪修改软件包造成的影响。

如果变更是必要的，应保留软件变更的原始版本，并将变更应用于软件的复制版本。所有变更均应进行测试，并形成文档。

5.2 需求及设计阶段的安全评审

5.2.1 安全需求分析

在项目的计划阶段，项目需求部门与软件开发中心讨论并明确系统安全需求分析，作为项目需求分析报告的组成部分。

项目需求部门与软件开发中心应对系统进行风险分析，考虑业务处理相关流程的安全技术控制需求、生产系统及其相关在线系统运行过程中的安全要求，在满足信息技术部相关技术规范和标准等约束条件下，确定系统的安全需求。

系统安全保护遵循适度保护的原则，需满足以下基本要求，同时实施与业务安全等级要求相应的安全机制：

（1）采取必要的技术手段，建立适当的安全管理控制机制，保证数据信息在处理、存储和传输过程中的完整性和安全性，防止数据信息被非法使用、篡改和复制。

（2）实施必要的数据备份和恢复控制。

（3）应开发和实施使用密码控制措施来保护信息的策略：

应使用密码保护通过移动电话、可移动介质、设备或者通过通信线路传输的敏感信息；实施有效的用户和密码管理，能对不同级别的用户进行有限授权，防止非法用户的侵入和破坏。要基于风险评估确定需要的保护级别（加密算法的类型、强度和质量）；密钥管理方法应包括对加密密钥保护的方法和在密钥丢失、损坏或毁坏后加密信息的恢复方法。

（4）应保护所有的密码密钥免遭修改、丢失和毁坏。另外，秘密和私有密钥需要防范非授权的泄露。用来生成、存储和归档密钥的设备应进行物理保护。

（5）涉密信息系统的安全设计应符合涉密信息保密管理的有关规定。系统的安全需求及其分析要经过项目组内部充分讨论，技术人员和业务人员对安全需求及其分析的理解要达成一致。

（6）在使用公共网络的电子商务中的信息应受保护，以防止欺诈活动、合同争议和未授权的泄露和修改。

---

[96] A.14.2.4“软件包变更的限制”。

(7) 在在线交易中的信息应受保护，以防止不完全传输、错误路由、未授权的消息篡改、未授权的泄露、未授权的消息复制或重放。

5.2.2 技术方案设计的安全性

软件开发中心根据确定的安全需求设计系统安全技术方案，必须确保满足以下要求：

(1) 系统安全技术方案要满足所有的安全需求，并且符合公安部等政府、上级主管部门的法律法规要求。

(2) 系统安全技术方案应至少包括网络安全设计、操作系统和数据库安全、应用软件安全设计等部分。

(3) 系统安全技术方案涉及使用的安全产品，应符合国家有关法律法规和信息技术部现有安全制度的规定。

5.3 开发阶段的安全管理

5.3.1 开发人员的安全管理

信息系统的开发人员或参加开发项目的外协单位应经过严格资格审查，并签订保密协议。

加强开发人员的职业道德教育，提高开发人员的安全防范和保密意识，对开发人员进行安全防范技术和措施等方面的培训。

明确开发人员在信息系统开发过程中的职责和信息访问权限。

严格加强生产系统开发环境和场地的出入管理，进入开发环境和现场要有必要的安全控制措施。

禁止非项目组人员未经允许进入开发环境和现场，非项目组外协单位人员进入开发现场必须由行内项目组人员陪同。

5.3.2 开发设备使用的安全管理

做好对信息系统开发环境的安全管理，信息系统的开发环境要相对独立，开发环境必须与运行环境分离[97]。

开发环境中的设备必须明确安全责任人，遵循“谁使用谁负责”的原则，公共用途的设备也应指定安全责任人进行保管和维护，对于借用相关设备和借阅相关文件的行为应进行记录。

信息系统的开发环境和实施场地应当与生产环境和实施场地隔离。

严格管理开发环境中的各种移动设备、个人信息处理设备，禁止未经允许的设备接入开发环境，接入开发环境的桌面设备必须符合桌面系统使用规范和防病毒系统管理规范的要求。

5.3.3 开发文档的安全管理

信息系统开发过程中的资料、文档要按照技术档案管理的有关规定进行整理归档。

在文档的编写、整理过程中，要明确文档标准化格式规范。记录文档修改、评估修改

[97] A. 14. 2. 6“安全的开发环境”。

对文档安全的影响，并确保文档的一致性。

文档中与安全相关的内容要准确、完整，并明确文档的密级以及分发范围。

开发过程中的各种文档，只能在授权分发范围内流转，任何人不得以各种形式进行非授权分发、外泄。

5.3.4 开发中软件和源代码的安全管理

除因工作需要外，禁止任何人持有、复制行内所属软件源代码，禁止任何人外借或对外复制行内所属软件源代码。

信息系统开发所使用的操作系统、数据库、开发工具软件等必须是信息技术部授权使用的软件，严禁使用非授权软件。

对编程语言和编程工具的使用进行培训，了解和掌握编程语言和编程工具已知的安全隐患，加强源代码检查，防止源代码中存在可疑程序和已知的安全隐患。

信息系统采用的关键技术措施和核心安全功能设计应严格控制发放范围，对重要的秘密资源（如源程序、目标码等）应严格设置访问权限控制。

对应用系统的编译过程进行严格监督，确保经正确编译的软件版本最终生成运行代码，并保证运行代码的完整性、安全性。

严格控制软件版本的管理，确保信息系统开发过程源代码和执行代码的一致性和正确性。

5.3.5 开发中软件安全功能测试〔98〕

在应用系统的开发过程中进行安全功能测试，确保安全功能模块在开发过程中已经按计划设计并实施，并能满足应用系统的安全要求。

5.4 测试阶段的安全管理〔99〕

信息系统安全测试应确保所有设计的安全功能得到落实和实现。在测试报告或相关文档中应明确说明检查列表中各项安全功能的落实和实现情况。

测试过程的安全管理在信息系统开发测试过程中，禁止在开发/测试环境中使用生产主机系统的密钥、用户密码和生产数据等重要数据。若不得不使用来自生产系统的数据，必须要得到相关领导的批准，并对生产系统的数据进行变形处理。测试环境要依据相关规定进行合适的管理和安全防护，并通过相应的手段确保与生产系统、开发系统隔离。

测试过程中应当谨慎地选择、保护和控制测试数据，防止敏感数据的未授权访问。

5.5 系统安装、投产阶段的安全管理〔100〕

在信息系统安装部署时，应采取相应措施确保系统安全功能的实现，操作系统、数据库、应用系统等软件安装部署和配置应该符合相应的安全规范和标准。

信息系统投产前应进行安全评估或审查，通过审查系统设计文档中的安全功能设计、

---

〔98〕 A. 14. 2. 8“系统安全测试”。
〔99〕 A. 14. 3. 1“测试数据的保护”。
〔100〕 A. 14. 2. 9“系统验收测试”。

系统测试文档中的安全功能测试，确保系统本身安全功能的实现。还要评估系统在变更时（测试、安装和升级等）对其他系统的影响程度，要保证与其他系统能很好的耦合。通过审核系统安装与配置过程或文档，确保系统安全配置的落实与实现。

5.6 外购、外包软件的安全管理[101]

对于需要外购的套装软件，该软件的设计、实施方案的安全性也应遵循本规定中的要求，由相应的负责部门在安全需求、方案、投产阶段进行相应安全管控。

对于与其他公司合作开发和外包的项目，要明确双方信息安全责任和交付成果的信息安全要求，并对安全责任的落实和交付成果安全要求的实现情况进行监督检查。对于第三方开发商，必须按照信息技术部的安全规范进行系统的开发工作。

对外包开发软件交付时，相应的负责部门应对交付软件进行安全测试和评估，并责成外包公司修改发现的安全漏洞和问题，确保交付软件的安全性符合要求。

4.3.11 数据备份管理规定

数据备份管理规定[102]

编号：D^2CB/ISMS－2－GD014－2020	
密级：内部	
编制：宋新雨	年　月　日
审核：闫芳瑞	年　月　日
批准：柴璐	年　月　日
发布日期：	年　月　日
实施日期：	年　月　日
分发人：	分发号：
受控状态：　　■受控	□非受控

[101] A. 14. 2. 7“外包开发”。
[102] A. 12. 3“备份”。

大都商业银行

V1.0

版本及修订历史

版本	修订人	审核人	批准人	生效日期	备注
V1.0	宋新雨	闫芳瑞	柴璐	2020－07－14	新建

1 目的

为保障组织系统安全、稳定运行，切实防范和化解系统运行的风险，加强各应用系统数据备份和恢复管理，根据组织有关规章制度，结合各应用系统实际情况，特制定本规定。

2 适用范围

本规定适用于组织各部门对数据进行备份管理。

3 术语和定义

4 职责

（1）信息技术部

- 是本规定的归口管理部门；
- 负责本规定的修订、解释和说明及协调实施工作。

（2）相关部门

贯彻执行本规定的相关规定。

5 管理要求

5.1 数据备份的内容

数据备份的内容包括：各部门开发和管理过程中的所有关键业务数据。具体是指计算机和网络设备的操作系统、应用软件、系统数据和应用数据。

用户终端上的办公数据属于组织数据资源的一部分，要统一纳入数据备份与管理范畴。人员调离工作岗位前要进行完整移交。

5.2 数据备份的方式

根据信息系统的情况和备份的内容，有多种数据备份方式：

（1）完全备份：对备份的内容进行整体备份；

（2）增量备份：仅备份相对于上一次备份后新增加和修改过的数据；

（3）差分备份：仅备份相对于上一次完全备份之后新增加和修改过的数据；

（4）按需备份：仅备份应用系统需要的部分数据。

具体所采取的备份方式，应能确保真实重现被备份系统的运行环境和数据。

5.3 数据备份管理

5.3.1 原则

各部门应根据各种数据的重要性及其容量，确定备份方式、备份周期和保留周期，制定确保数据安全、有效的备份策略以及恢复预案；具体备份和恢复由信息技术部实施。

5.3.2 新建系统的规划与设计

(1) 规划设计新建系统时应考虑系统的备份需求，在系统投运前完成备份策略和恢复预案的制定并在系统投运后同时开始执行；

(2) 在运行系统备份需求发生变化时，要及时更新数据备份策略和恢复预案。

5.3.3 系统升级与更新

(1) 对计算机和设备进行软件安装、系统升级改造或更改配置时，应进行系统和数据、设备参数的完全备份；

(2) 应用系统更新后，应实现数据的迁移或转换，确保历史数据的完整性，并对原系统及其数据进行完全备份，备份数据至少保存1年，如应用系统有明确要求，按各应用系统要求执行。

5.3.4 介质选择

备份系统的建设应统一纳入信息规划，备份系统及介质的选型要满足各系统的备份策略和数据备份及保存的要求，包括安全可靠性、性能和服务质量、冗余等，有条件时，可以建立集中备份系统，确保通过数据备份能及时恢复各种故障情况下造成的数据丢失，把损失减少到可接受的范围内。

5.3.5 操作日志的管理

(1) 要加强备份系统的运行管理，对备份系统的操作应记入运行日志，操作影响到数据备份的，要通知信息技术部，并履行一定的审批手续；

(2) 认真做好数据备份的文档工作，完整地记录备份系统的配置和备份数据源的系统配置；做好备份工作的运行日志和维护日志工作；建立备份文件档案及档案库，详细记录备份数据的信息。要做好数据备份的文卷管理，所有备份应有明确标识，包括卷名、运行环境、备份人。卷名按统一的规则来命名，由“系统名称—(数据类型+备份方式+存储介质)—备份时间—序号”组成。见下表。

表 卷名命名示例

系统名称	数据类型	备份方式	存储介质	备份时间	序号
ABC	0操作系统 1应用软件 2应用数据 3其他	0完全备份 1增量备份 2差分备份 3按需备份 4其他	0磁带 1光盘 2硬盘 3其他	YMD	XXX

注：如某备份资料文卷管理中记录的信息为：

卷名：办公自动化-221-20200102-001（表示所备份资料是：办公自动化系统的应用数据，是以差分备份方式备份在光盘上，备份时间为2020年1月2日，序号001）。

运行环境：操作系统名称、版本号、数据库名称、版本号等。

备份人及其所在单位：某某（署部门名称和备份人姓名）。

重要备份数据备份原则上至少应保留两份拷贝，一份在现使用地保存，以保证数据的正常快速恢复和数据查询，另一份在现使用地外保存，避免发生灾难后数据无法恢复。

5.3.6 介质管理

（1）数据备份与管理的责任部门要加强对备份介质的管理，建立介质的管理制度和废弃介质的处理制度，具体信息参见“介质安全管理规定”。备份介质应该放在适于保存的安全环境（如防盗、防潮、防鼠害、磁性介质远离磁性、辐射性等），并有严格的存取控制，对有备份数据的介质要进行定期检查，确认所备份数据的完整性、正确性和有效性。

（2）各部门要规范和促进电子文档的归档工作。

5.4 数据恢复及测试

（1）当由于出现故障而导致系统或数据确实损坏并无法抢救时，需审核恢复预案，估算可能的损失，恢复计划和方案通过相关信息技术部同意后才能对系统进行故障操作，恢复操作不应影响对故障原因的追查和故障的处理；

（2）恢复操作前所有相关信息系统的系统管理员应同时到场，先备份现场系统、数据和环境，再按照恢复方案的要求进行恢复；

（3）系统恢复后，应由相关信息系统的系统管理员进行测试，同时再进行一次备份，恢复的情况应报告相关信息技术部；

（4）对于关键业务系统，每年应至少进行一次备份数据的恢复演练，并做出可靠性评估。

数据备份具体操作请参见“数据备份操作指南”。

5.5 数据备份评估

（1）各部门应实时维护“数据备份记录”，信息技术部应定期作成“数据备份报告”。

（2）信息安全管理部应加强对数据备份和管理工作的考核力度，建立相应的管理制度。如因未严格遵守规定造成备份系统等发生故障，或数据丢失、泄漏，或导致信息系统无法正常运行的，信息安全管理部应评估造成的损失，明确事故原因和责任人，按“信息安全惩戒管理规定”的相关要求进行处理，并将处理情况和防范措施反映在“数据备份报告”中。需要时填写“信息安全事态/事件报告单”。

4.3.12 信息科技外包管理规定

D 大都商行

信息科技外包管理规定

编号：D^2CB/ISMS－2－GD015－2020	
密级：内部	
编制：宋新雨	年 月 日
审核：闫芳瑞	年 月 日
批准：柴璐	年 月 日

（续）

发布日期：	年　月　日
实施日期：	年　月　日
分发人：	分发号：
受控状态：　■受控	□非受控

大都商业银行

V1.0

版本及修订历史

版本	修订人	审核人	批准人	生效日期	备注
V1.0	宋新雨	闫芳瑞	柴璐	2020-07-14	新建

1　目的

为规范组织内部信息科技外包活动，保障信息系统安全持续稳定运行，特制定本规定。

2　适用范围

本规定适用于组织内信息科技外包管理，包含项目外包、人力资源外包等形式。

3　术语和定义

4　职责

（1）信息安全管理部门

- 制定信息科技外包发展规划，审计外包风险管理制度；
- 确定外包业务的范围及管理部门职责；
- 负责信息科技外包活动的日常管理。

（2）相关部门

- 负责本部门业务外包涉及的信息科技活动的日常管理；
- 根据评估对信息科技外包活动的优化和改进。

5　管理要求

5.1　外包服务商准入

应对外包供应商开展准入调查工作，准入调查包括但不限于外包供应商的基本情况、近三年与银行类金融机构同类型项目合作情况、持续经营能力、资质等信息，以确保外包服务质量。外包供应商准入调查结果将作为外包活动采购的参考。

5.2 采购及合同要求

应在工程立项阶段进行项目外包风险评估，针对业务中断风险、信息泄露风险、能力丧失风险、服务水平下降风险、声誉风险等进行风险识别和评估，确定是否适宜外包。

外包服务合同或协议[103]时应当明确以下内容，包括但不限于：

(1) 服务范围、服务内容、工作安排、责任分配、交付物要求等相关限定条件；

(2) 对法律法规、监管要求及本行相关管理制度的遵从要求以及保密责任与义务；

(3) 服务连续性要求和服务水平条款；

(4) 政策或环境变化因素等在内的合同变更或终止的触发条件等；

(5) 知识产权归属及责任；

(6) 不得将外包服务转包和变相转包相关要求；

(7) 争端解决机制、违约及赔偿条款等。

5.3 重要外包项目尽职调查

重要外包项目是指符合如下情况之一的信息科技外包服务：

(1) 核心业务系统研发外包；

(2) 信息科技工作整体外包或数据中心整体外包；

(3) 涉及将客户资料、交易数据等敏感信息交由外包供应商进行分析或处理的外包；

(4) 非驻场外包；

(5) 项目单项服务金额大于1000万元的外包服务；

(6) 监管机构定义为银行业重点外包供应商承担的本行项目；

(7) 董事会、信息科技管理委员会审议为重要项目的外包服务。

重点外包供应商是指为本行提供重要外包项目的供应商，应满足以下要求：

(1) 我国境内注册的独立法人实体，注册资本和实收资本不少于1000万元，注册成立时间不少于3年；

(2) 拥有健全的组织架构，针对所提供的外包服务建立有效的风险治理架构，至少建立由公司高管层直接领导并针对外包服务的专职信息科技风险管理团队，为持续的外包服务提供保证；

(3) 建立与所承担的服务范围和规模相适应的服务管理体系，拥有有效的检查、监控和考核机制，确保管理规范有效执行；

(4) 具有足够的技术能力、人力资源和设施、环境，满足外包服务的质量和安全管理要求；

(5) 具有完善的信息安全管理体系、业务连续性管理体系，并通过业界公认较为权威的信息安全管理和业务连续性管理资质认证；

(6) 具有完善的质量管理体系，并通过业界公认较为权威的质量管理资质认证；

(7) 具有信息科技风险管理体系，有效识别、监测、评估和控制风险。重点外包供应

[103] A. 15. 1. 2 “在供应商协议中强调安全”。

商应针对监控发现的潜在风险或风险事件，及时采取控制或缓释措施；

(8) 承担机房及基础设施外包服务，其机房及基础设施应达到国家电子计算机机房最高标准；

(9) 承担集中存储客户数据的业务交易类系统外包服务，或承担银行业金融机构客户资料、交易数据等敏感信息的批量分析或处理服务，具有完善的运营服务管理体系，并通过业界公认较为权威的运行服务管理资质认证；

(10) 对其外包服务团队成员进行背景调查，确保其过往无不良记录，且应当与项目成员签订保密协议，并保留至少10年的法律追诉期；

(11) 每年聘请独立的审计机构，对自身外包服务进行风险评估，应当将年度风险评估报告报送本行信息科技部，并抄送相关监管机构。

本行在与外包供应商正式开展合作前，应开展重点外包供应商尽职调查工作。尽职调查范围包括但不限于：

(1) 外包供应商的技术和行业经验，如服务能力和支持技术、服务经验、服务人员技能、市场评价、监管评价等；

(2) 外包供应商的内部控制和管理能力，如内部控制机制和管理流程的完备程度、突发事件应对能力、内部控制技术和企业文化等；

(3) 外包供应商的持续经营能力，如从业时间、市场地位、发展趋势等；

(4) 外包管理执行部门认为重要的其他事项。

5.4 信息科技外包安全管理

信息安全管理部门负责推动实施并落实信息安全管控措施，有效防范因外包活动引起的信息泄露、信息篡改、信息不可用、非法入侵、物理环境或设施遭受破坏等外包安全事件的发生，具体措施包括但不限于：

(1) 对外包服务人员开展安全教育和培训；

(2) 对外包服务人员的授权开展持续管理；

(3) 对重要信息系统开发交付物进行源代码检查和安全扫描；

(4) 定期对外包供应商进行安全检查，获取外包供应商自评估或第三方评估报告。

信息安全管理部门应关注外包服务引入的新技术或新应用对现有治理模式及安全架构的影响，及时完善信息安全管控体系，避免因新技术或新应用的引入而带来额外的信息安全风险。

对于业务外包中的信息科技活动，信息安全管理部门负责制定外包项目的信息安全标准，包括数据安全标准、操作安全标准、涉密主机/网络/载体的安全保密标准、文档资料安全保密标准以及外包服务人员的安全保密标准。相关部门负责按照上述标准监督外包项目，落实信息安全管控措施，并对外包服务过程中发现的信息科技风险及时报信息安全管理部门。

5.5 信息科技外包应急管理

相关部门负责制定外包服务突发事件应急响应方案，负责对重要外包项目中断或外包

供应商异常退出的场景制定应急预案及演练计划，并定期进行演练。

外包服务突发事件应急响应方案包括但不限于以下内容：

(1) 信息收集机制。通过对外包服务实施过程中外包供应商相关信息的持续收集，识别可能发生的灾难或时间场景，尽早发现可能导致服务中断的情况。

(2) 相关资源的提前准备和维护机制。通过在服务合同或协议中与外包供应商约定，在其服务质量不能满足服务合同或协议要求的情况下，本行具有的外包服务资源优先权，以保障业务运转的连续性。

(3) 重要外包项目的恢复机制。通过在服务合同中明确事件持续时间和恢复可能性、事件影响范围和可能的应急措施、外包供应商自行恢复服务的可能性和时间、备选的外包供应商以及外包服务迁移方案、外包服务过渡给本行自行运作的可能性、时效及资源需求等，明确服务中断的相关应急措施。

(4) 应急场景预案机制。通过建立外包服务突发事件应急预案及开展预案场景的应急演练，应对外包服务过程中可能发生的突发情况。演练结束后，外包管理执行部门负责向信息科技部及相关管理部门提交应急演练报告。

(5) 退出机制。对于无法满足外包服务要求或发生重大事件的情况，相关部门负责将相关情况报送信息安全管理部门、采购部门，由采购部门按照相关采购制度处理。

对于业务外包中的信息科技活动，信息安全管理部门负责制定突发事件级别、应急报告流程及处理流程等应急事件处理机制，相关部门负责监督外包供应商制定突发事件应急响应预案，并将应急预案和演练计划提交信息安全管理部门。

5.6 监控与评价[104]

信息安全管理部门应持续监控外包服务过程，跟踪执行情况，及时发现和纠正服务过程中存在的各类异常情况。

信息安全管理部门应根据信息科技外包需求、合同、服务水平协议等组织建立明确的服务质量监控指标，并进行相应监控。常见指标包括但不限于：

(1) 信息系统和设备及基础设施的可用率、设备的开机率；

(2) 故障次数、故障解决率、故障的响应时间；

(3) 服务的次数、客户满意度；

(4) 各阶段业务需求的及时完成率、程序的缺陷数、需求变更率；

(5) 人员工作饱和率、人员考核合格率等。

信息安全管理部门应组织建立明确的服务目录、服务水平协议以及服务水平监控评价机制，并确保外包服务监控基础数据和评价结果的真实性和完整性，且数据至少需保存到服务结束后一年。

信息安全管理部门应组织对供应商的财务、内控及安全管理进行持续监控，关注其因破产、兼并、关键人员流失、投入不足和管理不善等因素引发的财务状况恶化及内部管理

[104] A. 15. 2. 1“供应商服务的监视和评审”。

混乱等情况，防范外包服务意外终止或服务质量的急剧下降；监控到异常情况时，应当及时督促供应商采取纠正措施，情节严重的或未及时纠正的，应当约谈供应商高管人员并限期整改。

相关部门根据外包服务合同或协议，建立明确的服务监控机制，负责对外包供应商开展绩效考核工作，并于每年四季度末将年度绩效考核结果提交信息安全管理部门。绩效考核结果由外包管理执行部门和外包统筹管理部门两部分组成。涉及业务部门参与的信息科技外包项目，相关部门应根据实际情况在考核中包含相关业务部门考核内容。考核结果作为外包供应商分类、分级的重要依据。外包供应商年度绩效考核的内容包括但不限于：

(1) 当年正在进行或已完成的项目绩效考核，包括过程管理、范围管理、进度管理、质量管理、风险管理等；

(2) 外包供应商服务人员水平的绩效考核；

(3) 外包供应商服务态度的绩效考核；

(4) 其他重要的评价考核指标或要求。

相关部门可依照本办法细化外包供应商绩效考核管理要求和细则，并进行实施。

相关部门负责将存在以下情况之一的外包供应商列入外包供应商黑名单。

(1) 严重违反国家法律、法规的；

(2) 严重违约、擅自变更或者终止已生效合同的；

(3) 泄露本行商业秘密、技术秘密等非公开信息的；

(4) 侵犯本行知识产权的；

(5) 故意提供虚假资质材料、隐瞒真实情况的；

(6) 信誉和财务发生严重危机的；

(7) 提供的产品质量和服务出现重大问题，并造成不良后果的；

(8) 中标后无正当理由拒绝签订合同的；

(9) 经营情况变化，无法继续提供合同约定服务的；

(10) 对服务质量进行检查，连续三次不能达到服务标准的；

(11) 考核结果连续两年不合格的；

(12) 其他严重影响本行声誉，造成重大风险或损失的。

相关部门负责建立并维护外包供应商黑名单库，并将外包供应商黑名单提交信息安全管理部门。列入外包供应商黑名单的外包供应商，原则上3年内不得准入外包供应商库。对于现有外包供应商进入黑名单的，相关部门负责启动项目应急预案，执行替代性方案。

5.7 评估与报告

信息安全管理部门应每年开展外包风险管理评估工作，并将年度风险评估报告报送相关监管机构。年度风险评估报告目录如下：

(1) 年度外包风险评估报告；

(2) 重点外包供应商风险评估报告；

(3) 本年度内正在执行或终止的重要外包服务情况，包括：

- 外包服务名称；
- 外包服务重大事件情况；
- 外包服务变更情况；
- 本期终止的，还应当提供外包服务评价。

监管机构规定的其他材料。

外包活动中发生如下重大事件时，外包管理执行部门应将事件详细情况提交信息安全管理部门，从事件发生到提交信息安全管理部门应不超过一个工作日：

（1）客户信息等敏感数据泄露；

（2）数据损毁或者重要业务运营中断；

（3）由于不可抗力或外包供应商发生重大经营、财务问题，已经导致或可能导致多家银行业金融机构外包服务中断；

（4）其他重大的外包供应商违法、违规事件；

（5）监管机构规定需要报告的其他重大事件。

4.4 典型文件编写（四）

4.4.1 员工培训管理指南

员工培训管理指南

编号：D^2CB/ISMS－3－ZN001－2020	
密级：内部	
编制：宋新雨	年 月 日
审核：闫芳瑞	年 月 日
批准：柴璐	年 月 日
发布日期：	年 月 日
实施日期：	年 月 日
分发人：	分发号：
受控状态： ■受控	□非受控

大都商业银行

V1.0

版本及修订历史

版本	修订人	审核人	批准人	生效日期	备注
V1.0	宋新雨	闫芳瑞	柴璐	2020-07-14	新建

1 目的

为规范组织的培训工作，提高组织全体员工的意识水平和技能水平，特制定本指南。

2 适用范围

本指南适用于对组织的所有人员（含组织管理人员、普通员工、第三方人员，以下称“全员”）的培训工作的管理。

3 术语和定义

4 职责

（1）人力资源及培训部

- 是本指南的归口管理部门；
- 负责本指南的修订、解释和说明及协调实施工作；
- 负责审核各部门的年度培训需求，组织编制组织的“年度培训计划”；
- 负责组织与实施培训；
- 负责检查和考核各部门的培训实施情况。

（2）信息安全管理部门

- 负责收集、汇总各部门信息安全培训需求，并将统计结果提交人力资源及培训部；
- 协助人力资源及培训部组织和实施信息安全培训；
- 协助人力资源及培训部检查和考核安全培训情况及效果。

（3）相关部门

- 负责收集、汇总各部门的相关培训需求，并将统计结果提交人力资源及培训部；
- 协助人力资源及培训部组织和实施相关培训；
- 协助人力资源及培训部检查和考核相关培训情况及效果。

5 培训管理内容[105]

5.1 培训范围

对组织全员进行有计划、分层次的培训。

[105] A.7.2.2“信息安全意识教育和培训”。

信息安全宣传和培训内容至少应包括：

（1）信息安全知识；

（2）相关规章制度；

（3）案例、最佳实践；

（4）信息安全技能。

宣传和培训形式可包括：

（1）宣传 PPT；

（2）邮件；

（3）信息安全意识考试；

（4）安全桌面（屏保和壁纸）；

（5）海报、文化墙、宣传栏、标语；

（6）网站；

（7）参观活动、会议、交流、沙龙；

（8）信息安全短片、电影；

（9）专家讲座。

5.2 制定年度培训计划

每年 12 月末部门负责人提出下年度的培训需求，必要时经相关部门审核报人力资源及培训部；

每年 1 月上旬人力资源及培训部负责制定“年度培训计划”，报人力资源及培训部负责人批准后组织实施；

各部门的计划外培训，应填写“培训申请表”，报相关负责人审核、经营责任者批准后，方可进行培训。

5.3 培训的实施

由人力资源及培训部组织并落实培训时间、地点、教师、教材、内容、方式、考核办法及课程安排，并做好培训记录；

相关专业培训由专业人员组织进行，如信息安全意识和信息安全体系文件的学习、培训与教育；

新员工的培训由人力资源及培训部负责组织；

各部门负责本部门相关专业的培训、教育，包括换岗员工的培训；

外部培训由人力资源及培训部配合被委托单位组织落实。

5.4 培训的考核

为加强培训效果，可有针对性地安排考核，考核形式可以包括问答、现场考卷和在线考试等。针对入职培训和全员培训，要求如下：

（1）信息安全意识和技能的培训作为入职培训的组成部分，考核需满足入职培训考核的要求；

（2）全员培训考核中出现不合格情况，先通知个人并给予补考机会；补考不合格，将通知部门领导；

(3) 各部门内部培训考核的成绩报人力资源及培训部，并建立档案；

(4) 外部培训考核由被委托单位负责考核，人力资源及培训部负责记录并建立档案。

5.5 培训记录的管理

人力资源及培训部负责整理各类培训对象的培训记录，包括：

(1) 各类人员培训计划、培训内容和培训人员名册；

(2) 考试试卷和“培训签到表”及“培训记录表”；

(3) 员工培训档案。

4.4.2 机房管理指南

D 大都商行

机房管理指南

编号：D²CB/ISMS－3－ZN002－2020	
密级：内部	
编制：宋新雨	年 月 日
审核：闫芳瑞	年 月 日
批准：柴璐	年 月 日
发布日期：	年 月 日
实施日期：	年 月 日
分发人：	分发号：
受控状态： ■受控	□非受控

大都商业银行

V1.0

版本及修订历史

版本	修订人	审核人	批准人	生效日期	备注
V1.0	宋新雨	闫芳瑞	柴璐	2020－07－14	新建

1 目的

为了保证机房正常工作，确保计算机网络系统安全、良好地运行，充分发挥计算机系统的效益，做到信息传递的适时、准确和连续，使科学管理在组织中发挥重要作用，本指南规定了组织机房的管理范围、管理设备、安全管理、日常管理、保密管理、服务器及UPS启停操作管理及巡检管理。

2 适用范围

本指南适用于组织的机房管理。

3 术语和定义

4 职责

（1）信息技术部

是本指南的归口管理部门；

负责本指南的修订、解释和说明及协调实施工作。

（2）机房负责人

机房负责人由IT负责人担任，其主要责任是确保机房能够正常运行，保证组织业务的正常运转。

（3）机房管理员

机房管理员由IT责任人担任，主要负责机房的日常维护及机房设备的维护等。

5 管理流程及内容

5.1 机房管理的设备

机房管理的设备主要有：UPS设备、机房空调、小型机及存储设备、微机服务器、备份系统设备及附属设备等。

5.2 机房安全管理

（1）物理环境安全管理

- 严禁在机房内吸烟及使用电热器具或明火操作，机房内使用的测试仪器、吸尘器等电气设备，用毕后必须及时切断电源并带出机房；
- 严禁将易燃品、易爆品、含有腐蚀性的物品、强磁物品及其他与机房工作无关的物品带入机房，维修中使用酒精等易燃物品时，必须有人在场，用完后剩余部分应立即带出机房；
- 机房落实专人进行定期检查防火、防水、防盗、防尘设施，并按指南更换，并保持良好状态；
- 机房管理员应妥善保管自己的门禁卡，严禁将门禁卡借给他人使用。

（2）设备及系统安全管理

- 建立完整的计算机运行日志、操作记录及其他与安全有关的资料保存机制；
- 定期检查安全保障设备，确保其处于正常工作状态；
- 机器带电运行时严禁开启机箱维修，拆卸机器附件时，必须采取防静电措施；
- 对不能停机的主机必须按指南配备定额容量的UPS等设施；

● 计算机设备必须有可靠接地，接地电阻不大于相应设备的技术要求，并装置必要的防雷设施；

● 可用性要求较高的计算机系统，配置必要的备份设备，以便故障时切换使用，对于重要系统和数据应定时作好备份；

● 作好定期的查病毒工作，对于重要的应用和服务应建立防病毒体系。

5.3 机房日常管理

(1) 机房环境条件

● 机房内的网络、电源线等线路一点点捆扎整齐，强弱电线路分离；

● 按有关指南控制机房的温度和湿度；

● 机房地板、墙壁应完整无损，防止各类小动物进入；

● 凡与机房无关的任何物品不得存放在机房内。

(2) 机房设备管理

● 机房应保持清洁，每周清扫 1 次，每月大扫除 1 次；

● 未经机房管理员许可，禁止随意搬动、变更及复位机房内的消防、监控；

● 机房的设备进出、故障、维修、检修、停电、网络故障等其他重大事件应进行记录；

● 机房内不准吸烟，不准用膳，不准会客，不准存放食品。

(3) 机房出入要求

● 任何人必须经过授权，并填写“机房出入授权申请单”，方可进入机房；

● 经授权人员进入机房必须填写“机房出入登记表”；

● 外单位参观机房时，需经机房负责人同意，并在由机房负责人指定人员的陪同下进行参观活动。

(4) 机房设备操作指南

● 机房管理员如需对机房设备进行操作，必须严格遵守操作规程，确保人身、设备安全，认真填写“服务器与网络设备检查记录单”；

● 应按照设备维护手册、行业技术规范，制定机房环境设施（设备）的操作规程、预防性维护计划；

● 操作中发现异常情况应立即报告机房负责人，及时采取相应措施。

(5) 故障处理

机房主要设备，如主机和网络设备等，发生故障时，应及时向机房负责人报告，并填写“服务器与网络设备故障报告单”。

5.4 机房作业管理

● 机房作业人员不得接触非工作需要和未被授权的任何其他机房内的设施和计算机设备；

● 在机房内实施作业时必须注意现场的各类提示和状况，发现问题应及时与机房管理员联系，不得擅自处理；

● 在机房作业前，机房作业人员应做好防静电安全保护工作；

● 机房作业人员在机房施工或维修设备期间，机房管理员必须认真履行监管职责，全程跟踪作业人员的行为，不得擅自离开监管岗位，不得留作业人员在机房内独自作业，若遇到特殊情况需离开监管现场，机房管理员应联系其他合适人员交接监管工作；

● 机房作业结束后，作业人员应及时恢复机房地面、设施摆放等机房原貌。

5.5 服务器及 UPS 启停操作管理

（1）服务器及 UPS 启停原则

组织服务器所运行的系统为 24h 运转系统，正常情况下不得停机。如出现异常、增减设备或检修维护而必须停机的，须提前提出申请，经相关领导同意后，在指定时间内完成。

（2）服务器启停需遵循以下规则：

● 启停程序必须由系统管理员协同完成。

● 停机前 24h 须对网上用户发出停机通知，紧急停机须提前半小时通知。

● 在服务器停机前须由机房管理员确认网上无用户，停止数据库运行后，停止操作系统运行，然后关机。

● 服务器停机后，再停止网络设备运行。

● 网络系统停止运行后才可停止 UPS 的运行，然后切断电源，通知有关人员进行停机后的各项工作。

● 在工作完成后，检查所有设备的接地、电源及各连线正常后，开启电源，启动 UPS。

● 确认设备状态正常后启动网络设备，检查网络是否正常。

● 在网络正常启动后，确认服务器状态正常后开启服务器，判断服务器自测结果正常后启动操作系统，观察是否正常。

● 在服务器操作系统正常启动后，启动数据库系统，观察是否正常。在数据库正常启动后，通知用户恢复使用。

● 以上各步骤中如有异常，必须立即停止，协同解决后继续，如遇重大事件必须及时反映汇报，不得隐瞒。

5.6 机房巡检管理

为保证机房内信息系统能够正常工作，确保计算机网络系统安全、良好地运行，充分发挥计算机系统的效益，做到信息传递的适时、准确和连续，必须进行机房巡检。

（1）巡检范围

对各机房内的所有网络设备（路由器 、交换机 、集线器）及信息设备（服务器、小型机）等进行巡检。

（2）巡检规程

● 严格按照各机房巡检路线（巡检路线由 IT 部门制定）进行巡检；

● 检查各信息设备的运转情况，检查是否有异常的声音，各指示灯是否正常；

● 检查各网络设备（路由器 、交换机 、集线器）指示灯是否正常，可对照设备的常态指示灯状态来巡检；

● 对于重要的设备，应按照各系统操作规范，在客户端进行应用测试以验证服务器状态是否正常。

（3）巡检结果

由当天的巡检人员填写“机房设备巡检记录表”，如各项都正常则在相应的栏目中填写“正常”，否则在相应的栏目填写“不正常”，并在备注栏中填写出现的情况。如发现突发性系统故障严重影响系统的正常运行，应立即启动相应的应急预案并根据应急预案进行汇报，不得隐瞒或谎报。

4.4.3 数据备份操作指南

数据备份操作指南

编号：D^2CB/ISMS－3－ZN003－2020		
密级：内部		
编制：宋新雨	年　月　日	
审核：闫芳瑞	年　月　日	
批准：柴璐	年　月　日	
发布日期：	年　月　日	
实施日期：	年　月　日	
分发人：	分发号：	
受控状态：	■受控	□非受控

大都商业银行

V1.0

版本及修订历史

版本	修订人	审核人	批准人	生效日期	备注
V1.0	宋新雨	闫芳瑞	柴璐	2020－07－14	新建

1 目的

为明确数据备份操作的工作流程，特制定本指南。

2 适用范围

本指南适用于组织各部门对数据进行备份管理。

3 术语和定义

4 职责

(1) 信息技术部

- 是本指南的归口管理部门；
- 负责本指南的修订、解释和说明及协调实施工作；
- 提供技术支持。

(2) 相关部门

贯彻执行本指南的相关规定。

5 数据备份操作指南

5.1 指南内容

各个具体信息系统的数据备份管理指南中需要包括：信息系统介绍、备份模式、系统备份的流程、恢复过程等。

(1) 信息系统介绍

介绍该信息系统的主要特点和该信息系统所包括的功能模块。

(2) 备份模式

介绍该信息系统数据备份的主要实现方式和实现策略。

(3) 系统备份的流程

介绍该信息系统的备份实现的步骤，人员配置信息和日常需要开展的工作等。

(4) 恢复过程

介绍该信息系统的恢复过程。

5.2 备份实例

下面介绍上网代理服务器系统的数据备份管理指南这个特定实例。其他信息系统数据备份管理指南的制定可以以上网代理服务器系统的数据备份管理指南为参考模板。

(1) 上网代理服务器系统介绍

上网代理服务器系统是以电子计算机和现代通信技术为基础，以软件方式实现内网对Internet访问的信息系统。

(2) 上网代理服务器系统现有备份模式

上网代理服务器系统目前的数据备份主要是通过定期人工备份模式。

(3) 上网代理服务器系统备份流程

操作步骤如下：

- 在18：00业务停止后，从服务器端以管理员权限用户登录到服务器（windows）；
- 查看服务器日志，查看程序是否正常运行（计算机管理-> 事件查看器）；

● 查看硬盘空间是否有足够的空间容纳备份数据；

● 导出代理程序策略（ISA服务器管理-> daili -> 导出）；

● 待代理程序策略导出后，复制到移动硬盘中，成功后，删除主机上的备份文件；

● 导出防火墙策略（ISA服务器管理-> daili -> 防火墙策略-> 导出）；

● 待防火墙策略导出后，复制到移动硬盘中，成功后，删除主机上的备份文件；

● 重启服务器并启动ghost，备份系统分区至服务器逻辑分区，（local -> partition -> to image），如系统无警告提示，则表示备份成功，否则备份失败，应查找原因并修改后重新备份数据；

● 将服务器上的备份文件传到移动硬盘上，并在传送成功后将服务器上的备份文件删除。

（4）上网代理服务器系统恢复过程

● 在18：00业务停止后，从服务器端以管理员权限用户登录到服务器（windows）；

● 备份当前要恢复的服务器系统、数据和环境；

● 根据审核通过的恢复计划进行恢复；

● 找到需要恢复的备份数据文件，确认是否是需要恢复的文件；

● 经确认后，将需要恢复的备份数据文件拷贝到服务器相应的目录中；

● 恢复完成后，再对该服务器进行测试，如果测试没有问题，对该服务器再进行一次备份，作为下一次的备份数据文件；

● 将恢复情况报告IT负责人。

4.4.4 业务连续性计划编写指南

业务连续性计划编写指南

编号：D²CB/ISMS - 3 - ZN005 - 2020		
密级：内部		
编制：宋新雨	年　月　日	
审核：闫芳瑞	年　月　日	
批准：柴璐	年　月　日	
发布日期：	年　月　日	
实施日期：	年　月　日	
分发人：	分发号：	
受控状态：　■受控	□非受控	

大都商业银行

V1.0

版本及修订历史

版本	修订人	审核人	批准人	生效日期	备注
V1.0	宋新雨	闫芳瑞	柴璐	2020-07-14	新建

1 目的

本指南为各个业务部门编写“业务连续性计划”提供指导。

2 适用范围

本指南适用于信息安全管理所覆盖的所有部门的“业务连续性计划”编写。

3 术语和定义

4 职责

（1）信息安全管理部

在信息安全委员会的领导下，负责协调业务连续性管理工作。

负责指导和培训部门内编制“业务连续性计划”。

（2）相关部门

负责业务系统的业务影响分析，制定和执行本部门的“业务连续性计划”。

5 业务连续性计划制定步骤

业务连续性计划立案（BCP）的目标是要确保发生信息服务破坏或灾难后把灾难对业务造成的负面影响降到最小并在所要求和认可的时间及成本范围内恢复信息服务。

BCP应通过下列步骤制定。

（1）业务影响分析（BIA）：BIA用于识别关键信息服务并给出相应的优先级。BIA必须在制定实际“业务连续性计划”之前进行。

（2）制定恢复策略：彻底的恢复策略保证在业务中断后所要求的信息服务能够迅速有效恢复。

（3）计划的检查和维护：所制定的“业务连续性计划”必须根据需要进行检查和更新以保持和业务变化的同步。

5.1 业务影响分析

所有的业务负责人和系统管理员都应当了解信息服务中断造成的业务损失及所需的恢复成本。必须对所有信息服务的使用进行检查以确定所提供的关键组成并由此确定业务操作中断造成结果的特点。

在BIA过程中，如果有必要，业务负责人和系统管理员应当向IT部门进行咨询以进行下列分析，并填写“关键业务影响分析表”。

(1) 识别关键信息业务

业务负责人负责识别关键业务进程。业务负责人和系统管理员应共同确定支持关键和基础业务功能的信息服务以及灾难恢复所需时间。

(2) 识别造成的影响和允许中断的时间

如果出现下列服务中断或损坏的情况，业务负责人和系统管理员必须分析可能受到影响的关键信息服务。

- 因关键业务进程中断所造成的潜在破坏或损失（例如收入减少、额外成本、名誉受损、商业信用丧失、生产设施破坏）；
- 发生服务中断后破坏或损失增大的程度；
- 保证关键业务进程得以持续的最低可接受信息服务水平；
- 最低业务进程水平恢复所需时间及所有要求的业务进程完全恢复的时间。

(3) 成本分析

系统管理员应当了解关键信息服务的恢复成本并将其与业务进程不可操作引起的成本（根据潜在影响进行估测）进行比较。

(4) 制定恢复优先级

业务负责人和系统管理员必须根据业务目标、中断影响分析和成本分析制定恢复优先级和策略。

5.2 制定备份和恢复策略

BIA 结束后，业务负责人和系统管理员（必要时向 IT 部门咨询）需要制定恢复策略（维护备份和恢复进程的正式程序），以便在发生信息服务中断后提供迅速有效地恢复所要求的业务进程的手段，以保护所有基本信息和软件并确保发生事故或灾难时业务的连续性。

BIA 中明确的中断影响、允许的中断时间和成本应作为策略制定的决定因素。业务负责人必须确保恢复策略与 IT 部门的业务进程一致。在信息服务（包括业务应用系统）的设计和实施阶段系统管理员要负责把恢复策略集成到这些服务的使用中去。

制定恢复策略时应考虑以下因素：

(1) 数据备份、恢复程序应满足下列要求：

- 需备份数据的范围、备份时间、计划。
- 备份及介质轮换的频度。
- 根据备份数据属性的不同，系统管理员必须确定备份数据拷贝的数量。
- 备份拷贝的存储地点。关键拷贝进行非现场保存。系统管理员和信息负责人、业务负责人和信息技术负责人必须确定哪些备份资源需要非现场存储。
- 备份信息应具有环境及物理上的保护，以免遭受未授权访问、被盗或破坏。
- 备份介质应定期进行测试以确保可靠性。
- 应建立关键备份介质、文件及其他信息资源的非现场存储以支持恢复和实施“业务连续性计划”。

● 恢复程序应定期检查和测试以确保其有效并能够在恢复操作程序中指定的时间内完成。

(2) 设备或信息服务更换

如果信息服务遭到损坏或损毁，或主要信息处理设施不可用，需要激活或购买必要的软硬件并交付到预备地点。

选择设备替换的策略时系统管理员应当考虑进行BIA、成本-效益、运输和设置时延所发现的影响。无论选择何种策略，都必须在“业务连续性计划”中填写设备需求和规格的详细列表。

(3) 职责和责任

系统管理员 、IT负责人负责组织“恢复小组”，指定组员及其各自的职责/责任以便切实激活恢复程序并执行恢复策略。系统管理员要负责采取下列措施：

● 组员和候补组员必须经过培训并在发生中断时能够执行“业务连续性计划”；

● 各个组员之间必须准确无误地了解其他组员的职责和作业衔接；

● 小组结构和沟通渠道/手段必须做好记录；

● 必须建立小组的后备队伍，如果某个组员缺席或离队，必须立即由候补组员顶替上。

5.3 业务连续性计划的恢复和执行

关键业务遇到信息服务中断或灾难，业务负责人要负责根据“业务连续性计划”中的恢复场景激活并执行恢复进程。业务负责人还要负责确认恢复结果并确定受到灾难影响的业务进程能否恢复到正常状态。

系统管理员要负责事先定义“业务连续性计划”中的所有恢复程序。系统管理员必须取得相关业务负责人的书面许可以便使“业务连续性计划”有效。

恢复过程必须包括三个阶段：提示和激活、恢复及重建。

5.3.1 提示和激活

发生灾难事件时，“业务连续性计划”要考虑联络和激活流程。

(1) 联络流程

“业务连续性计划”中须明确联络结构和程序。联络信息应包括但不限于下列信息：

● 在工作和非工作时间发生灾难事件时通知恢复小组成员的方法；

● 所有相关联络人信息，包括姓名、紧急电话号码；

● 候补联络人信息，以防主联络人无法到场；

● 情况允许的情况下还包括外部联络人，例如硬件和软件供应商、第三方服务供应商；

● 所有适当的联络手段，即网站、电子邮件和电话等。

提示程序应根据具体情况定义需通知给恢复小组成员的信息类型。信息类型包括：

● 情况性质；

- 已知损坏估测；
- 响应及恢复细节；
- 通报情况的汇合地点/时间；
- 与业务系统相关的进一步指示。

（2）损坏评估

必须在“业务连续性计划”明确损坏评估程序和标准，包括但不限于下列各项：

- 中断原因及更多中断或损坏的可能；
- 受影响的信息服务及损坏程度；
- 物理基础设施的状态；
- 信息服务的功能状态；硬件、软件或其他要替换的信息服务；
- 恢复到正常服务的估测时间。

损坏评估应尽快进行以确定失效或灾难的程度。

（3）计划激活

激活标准必须在“业务连续性计划”中明确定义并告知相关人员。如果符合“业务连续性计划”激活标准，那么业务负责人会激活计划并选择“业务连续性计划”中预定义的适当的恢复场景。确定业务连续性计划激活的过程中应考虑以下各项：

- 人员安全；
- 损坏程度；
- 系统的关键性；
- 预测的中断时间。

5.3.2 恢复

“业务连续性计划”应包括计划激活之后需执行的恢复程序。恢复程序应反映BIA中明确的恢复优先级；恢复活动的顺序应反映业务进程所允许的中断时间以避免对相关信息服务造成重大影响。程序应简单明了，逐步列出。为防止紧急情况下出现困难或混淆，不允许对程序步骤想当然或省略。

5.3.3 重建

业务负责人和系统管理员必须检查恢复小组上报的恢复结果并确认受到损坏的信息服务已恢复到可支持业务操作的水平。完成恢复结果的确认后，业务负责人要确定操作是否恢复到正常或略低的水平从而恢复业务活动。

5.4 业务连续性计划的测试、培训、维护

业务负责人和系统管理员负责确保“业务连续性计划”切实并准确满足业务进程的需要和当前状态。恢复小组组员必须经过正确培训或了解在“业务连续性计划”中定义的各自的职责和责任。

5.4.1 测试和培训业务连续性计划

“业务连续性计划”中的每项措施都必须进行测试以确认各个恢复程序的准确性和计划的整体有效性。业务负责人应根据业务进程的关键性确定“业务连续性计划”的检查和

测试频度。

计划测试应尽可能贴近现实并给出清晰的范围、场景和后勤。恢复小组组员的培训应使测试更完备并定期进行。

测试作业结果应填写“业务连续性计划测试作业记录”。

5.4.2 维护业务连续性计划

组织每年定期实施风险评估程序，业务负责人和系统管理员要根据紧急要求或优先级更新计划，重新实施BIA。

系统管理员负责通过检查和更新维护“业务连续性计划”以保证计划的持续有效性。要检查与业务进程的关键性相关内容。

“业务连续性计划”必须对其更改保留记录并采取严格的版本控制，确保准确性。更新后的最新版“业务连续性计划”必须发放至恢复小组成员手中。

Five

5 记录设计

5.1 概述

记录是“阐明所取得的结果或提供所完成活动的证据的文件”。所以，记录是一种特殊类型的文件，但记录不需要控制版本。

记录的用途有：

1）记录是管理体系文件的有机组成部分，是各项职能活动的反映和载体；

2）记录是重要的证明文件，是验证体系运行是否达到预期结果的主要证据；

3）记录是信息的基础资料；

4）记录可为采取预防和纠正措施提供依据。

记录内容应真实，书写清晰，数据可靠，填写及时，签署完整，编号明晰，易于识别和检索。

记录不应随意更改，当发现记错时，可以划线勘误。

记录可以是任何一种媒体形式，但大量是以表格形式出现，也有文字形式，必要时还有实物样品、照片、录像、计算机磁光盘。通常，在程序文件或作业文件后面附录的记录表式是指定的标准格式，便于规范、统一，填写了内容就成为记录。

5.2 典型记录式样（一）

5.2.1 用户标识申请表

D 大都商行

用户标识申请表

记录表式号：　　　　　　　　　　　　　　　　　　　　　　　　记录顺序号：

申请人		申请日期	
使用人		标识名	
所属部门			
申请类型	○注册　○修改　○删除　○重置密码		
用户类型	□正式员工　□实习生　□第三方人员　□其他________		
信息系统名称	________		
备注			
审核人意见	签名： 日期：　　年　月　日		
批准人意见	签名： 日期：　　年　月　日		
系统管理员意见	签名： 日期：　　年　月　日		

大都商业银行　版权所有　内部

5.2.2 人员需求申请表

大都商行

人员需求申请表

记录表式号：　　　　　　　　　　　　　　　　记录顺序号：

申请部门		申请日期	
申请职位			
申请原因			
人员条件			
备注			
审核人意见	签名： 日期：　　年　月　日		
批准人意见	签名： 日期：　　年　月　日		

大都商业银行　版权所有 内部

5.2.3 软件使用许可申请表

D 大都商行

软件使用许可申请表

记录表式号：　　　　　　　　　　　　　　　　　　　　记录顺序号：

<table>
<tr><td>申请人</td><td></td><td>申请日期</td><td></td></tr>
<tr><td>使用人</td><td></td><td>所属部门</td><td></td></tr>
<tr><td>使用期间</td><td colspan="3">自＿＿＿＿开始至＿＿＿＿结束</td></tr>
<tr><td>使用设备编号</td><td colspan="3"></td></tr>
<tr><td>使用目的</td><td colspan="3"></td></tr>
<tr><td rowspan="6">软件
信息</td><td>编号</td><td>类型</td><td>名称（版 本）</td></tr>
<tr><td></td><td></td><td></td></tr>
<tr><td></td><td></td><td></td></tr>
<tr><td></td><td></td><td></td></tr>
<tr><td></td><td></td><td></td></tr>
<tr><td></td><td></td><td></td></tr>
<tr><td>备注</td><td colspan="3"></td></tr>
<tr><td>审核人意见</td><td colspan="3">签名：
日期：　　年　月　日</td></tr>
<tr><td>批准人意见</td><td colspan="3">签名：
日期：　　年　月　日</td></tr>
</table>

5.2.4 资产采购调配申请表

大都商行

资产采购调配申请表

记录表式号：　　　　　　　　　　　　　　　　　记录顺序号：

<table>
<tr><td>申请人</td><td colspan="3"></td><td>申请日期</td><td colspan="2"></td></tr>
<tr><td>所属部门</td><td colspan="6"></td></tr>
<tr><td rowspan="7">资产
信息</td><td>名称</td><td>型号</td><td>数量</td><td>单价（元）</td><td>金额（元）</td><td>希望使用日期</td></tr>
<tr><td></td><td></td><td></td><td></td><td></td><td></td></tr>
<tr><td></td><td></td><td></td><td></td><td></td><td></td></tr>
<tr><td></td><td></td><td></td><td></td><td></td><td></td></tr>
<tr><td></td><td></td><td></td><td></td><td></td><td></td></tr>
<tr><td></td><td></td><td></td><td></td><td></td><td></td></tr>
<tr><td></td><td></td><td></td><td></td><td></td><td></td></tr>
<tr><td>采购/调配
理由</td><td colspan="6"></td></tr>
<tr><td>备注</td><td colspan="6"></td></tr>
<tr><td>审核人意见</td><td colspan="6">签名：
日期：　　年　月　日</td></tr>
<tr><td>批准人意见</td><td colspan="6">签名：
日期：　　年　月　日</td></tr>
<tr><td>检验结果</td><td colspan="6">签名：
日期：　　年　月　日</td></tr>
</table>

5.2.5 笔记本电脑保密协议

大都商行

笔记本电脑保密协议

甲方：大都商业银行

乙方：

为了更有效地使用好笔记本电脑，避免移动计算设备的泄密，现签订协议如下：

1. 乙方使用甲方________笔记本电脑一台，机器编号为：________。

2. 笔记本电脑主要为工作服务，乙方应自觉抵制互联网有害信息，不得在工作时间利用笔记本电脑上网聊天、看电影、打游戏、炒股及做其他与工作无关的事。

3. 乙方因离退休或因辞职、调动等原因离开本公司，或调离公司现工作岗位，必须将笔记本电脑中存储的工作相关资料交还给甲方。

4. 笔记本电脑不得转借他人。一经发现转借，甲方有权向乙方追究责任。

5. 若机器遇到硬件问题需要维修，乙方需交回公司统一维修。

6. 乙方若丢失机器需记入信息安全事件进行考核，按照“信息安全奖惩管理规定”进行处理。

7. 乙方必须按照公司相关规定正确地使用笔记本电脑。

8. 乙方归还笔记本电脑后，本保密协议自动终止。

本协议一式两份，双方各执一份。

5.2.6 网络连接申请表

D)大都商行

网络连接申请表

记录表式号：　　　　　　　　　　　　　　　　　　　记录顺序号：

申请人		申请日期	
使用人		所属部门	
用户类型	□正式员工　□实习生　□第三方人员　□其他________		
使用期间	自________开始至________结束		
网络类型	□内网　□外网　□无线网络　□其他________		
IP 地址			
设备类型及编号	类型：□台式电脑　□笔记本电脑　□U 盘　□服务器 □其他________　编号：________		
连接目的			
备注			
审核人意见	签名： 日期：　年　月　日		
批准人意见	签名： 日期：　年　月　日		

5.2.7 培训申请表

大都商行

培训申请表

记录表式号：　　　　　　　　　　　　　　　　记录顺序号：

申请人		申请日期	
所属部门			
培训学时		培训费用	
培训期间	自______开始至______结束		
培训对象			
申请原因			
培训内容			
备注			
审核人意见	签名： 日期：　　年　月　日		
批准人意见	签名： 日期：　　年　月　日		

5.2.8 信息安全事态报告单

信息安全事态报告单

记录表式号：　　　　　　　　　　　　　　　　　　　　　　　　记录顺序号：

<table>
<tr><td>事态发生日期</td><td colspan="3"></td><td>事态类型的
识别号</td><td></td></tr>
<tr><td colspan="6">报告人信息</td></tr>
<tr><td>姓名</td><td colspan="3"></td><td>电话</td><td></td></tr>
<tr><td>部门</td><td colspan="3"></td><td>电子邮件</td><td></td></tr>
<tr><td colspan="6">信息安全事态描述</td></tr>
<tr><td rowspan="5">事件描述</td><td colspan="2">发生了什么</td><td colspan="3"></td></tr>
<tr><td colspan="2">怎样发生的</td><td colspan="3"></td></tr>
<tr><td colspan="2">为什么发生</td><td colspan="3"></td></tr>
<tr><td colspan="2">受影响的组件</td><td colspan="3"></td></tr>
<tr><td colspan="2">描述业务影响</td><td colspan="3"></td></tr>
<tr><td colspan="6">信息安全事态详细信息</td></tr>
<tr><td colspan="2">事态发生的日期和时间</td><td colspan="4"></td></tr>
<tr><td colspan="2">事态被发现的日期和时间</td><td colspan="4"></td></tr>
<tr><td colspan="2">事态被记录的日期和时间</td><td colspan="4"></td></tr>
<tr><td colspan="2">事态是否已经结束</td><td colspan="2">□是</td><td colspan="2">□否</td></tr>
<tr><td colspan="4">（如果选择是）事态持续了多久（日/小时/分钟）</td><td colspan="2"></td></tr>
<tr><td colspan="6">信息安全事态处理记录</td></tr>
<tr><td>处理记录</td><td colspan="5"></td></tr>
</table>

5.2.9 信息安全事件报告单

D大都商行

信息安全事件报告单

记录表式号：　　　　　　　　　　　　　　　　　　　　　　记录顺序号：

事件发生日期		相关事件的识别号	
操作支持组成员信息			
姓名		地址	
电话		电子邮件	

信息安全事件描述		
事故描述	发生了什么	
	怎样发生的	
	为什么发生	
	受影响的组件	
	对业务的不利影响	
	任意已识别的脆弱点	

信息安全事件详细信息	
事件发生的日期和时间	
事件被发现的日期和时间	
事件被记录的日期和时间	
事件是否结束	□是　　　　□否
（如果选择是）事件持续了多久（日/小时/分钟）	
（如果选择否）说明事件到目前为止持续了多久	
信息安全事件类型	□实际发生的　　□未遂的　　□可疑的

蓄意威胁	**非蓄意威胁**	**错误**	**未知的**
□盗窃（TH） □黑客攻击/逻辑渗透（HA） □欺诈（FR）滥用资源（MI） □破坏/物理损害（SA） □其他（OD） □恶意代码（MC） 具体说明：	□硬件故障（HF） □其他自然事件（NE） □软件故障（SF） □通信故障（CF） □重要服务丧失（LE） □火灾（FI） □人员短缺（SS） □洪水（FL） □其他（OA） □具体说明：	□操作错误（OE） □用户错误（UE） □硬件维护错误（HE） □设计错误（DE） □软件维护错误（SE） □其他（包括单纯错误）（OA） □具体说明：	（如果尚无法确定事件属于蓄意、意外还是错误造成的，选择本项，如果可能，用上述威胁类型缩写表明所涉威胁类型。） 具体说明：

（续）

受影响的资产		
（提供受事件影响或与事件有关的资产的描述，包括相关序号、许可证和版本号。）（如果有的话）		
信息/数据		
硬件		
软件		
通信设施		
文档		
事件对业务的负面影响		
（用“1~5”在“数值”项中记录事件对所涉各业务造成负面影响的程度。如果了解实际成本，可填写到“成本”项中）	数值	成本
破坏保密性（即未经授权泄露）		
破坏完整性（即未经授权篡改）		
破坏可用性（即无法使用）		
从事件中恢复的全部成本		
（如果可能，填写事件恢复的实际总成本，用“1~10”填写“数值”项，用实际成本填写“成本”）	数值	成本
事件的解决		
事件调查开始日期		
事件调查员姓名		
事件结束日期		
影响结束日期		
事件调查完成日期		
调查报告的引用和位置		
所涉及人员		
（选择一项） □人员（PE）□合法建立的机构/部门（OI）□机构的工作组（GR） □事件（AC）□无作恶者（NP）如自然因素、设备故障、人为错误		

（续）

事件动机描述	
（选择一项） □犯罪/经济收益（CG）□消遣/黑客攻击（PH）□政治/恐怖主义（PT） □报复（RE）□其他（OM）具体说明：	
已采取的解决事件措施	
（如“无措施”“内部措施”“内部调查”“由……进行外部调查”）	
计划采取的解决事件措施	
（见上例）	
未完成的措施	
（如仍被其他人要求调查）	
结论	
被通知的个人/实体	
（这一细节应由负责信息安全并阐明要求采取行动的人填写。如果需要，可以由机构的信息安全主管进行调整）	□信息安全主管 □ISIRT 组长 □站点主管（说明具体站点） □信息系统主管 □报告人 □报告人的部门主管 □警察 □其他（如求助台、人力资源部、管理层、内部审计员、执法机关、外部 CNCERT 等） 具体说明：
涉及的个人：	

报告人	评审人	审批人
签字__________	签字__________	签字__________
姓名__________	姓名__________	姓名__________
角色__________	角色__________	角色__________
日期	日期	日期

5.2.10 IT 设备故障报告单

D)大都商行

IT 设备故障报告单

记录表式号：　　　　　　　　　　　　　　　　　　　　　　记录顺序号：

<table>
<tr><td colspan="2">报告人</td><td></td><td>报告日期</td><td></td></tr>
<tr><td rowspan="3">设备信息</td><td>编号</td><td colspan="3"></td></tr>
<tr><td>类型</td><td colspan="3">□台式电脑　□笔记本电脑　□U 盘　□服务器　□路由器
□交换机　□其他________________</td></tr>
<tr><td>名称（型号）</td><td colspan="3"></td></tr>
<tr><td colspan="2">故障原因及描述</td><td colspan="3"></td></tr>
<tr><td colspan="2">故障配件</td><td colspan="3">□显示器　□主板　□CPU　□网卡　□显卡　□UPS
□硬盘　□内存　□光驱　□键盘　□鼠标　□电源
□其他________________</td></tr>
<tr><td colspan="2">备注</td><td colspan="3"></td></tr>
<tr><td colspan="2">审核人意见</td><td colspan="3">签名：
日期：　　年　月　日</td></tr>
<tr><td colspan="2">批准人意见</td><td colspan="3">签名：
日期：　　年　月　日</td></tr>
<tr><td colspan="2">维修结果确认</td><td colspan="3">签名：
日期：　　年　月　日</td></tr>
</table>

5.2.11 IT设备申请表

D 大都商行

IT设备申请表

记录表式号：　　　　　　　　　　　　　　　　　　　　记录顺序号：

<table>
<tr><td colspan="2">申请人</td><td></td><td>申请日期</td><td></td></tr>
<tr><td colspan="2">使用人</td><td></td><td>所属部门</td><td></td></tr>
<tr><td colspan="2">申请类型</td><td colspan="3">□借用　□领用　□作废　□丢失</td></tr>
<tr><td rowspan="3">设备信息</td><td>编号</td><td colspan="3"></td></tr>
<tr><td>类型</td><td colspan="3">□台式电脑　□笔记本电脑　□U盘　□服务器　□其他__________</td></tr>
<tr><td>名称（型号）</td><td colspan="3"></td></tr>
<tr><td colspan="2">借用期间或
丢失、作废时间</td><td colspan="3">自__________开始至__________结束（借用时填写）
__________（丢失、作废时填写）</td></tr>
<tr><td colspan="2">使用或丢失场所</td><td colspan="3">□公司　□家庭　□其他__________</td></tr>
<tr><td colspan="2">借用目的或
丢失、作废原因</td><td colspan="3"></td></tr>
<tr><td colspan="2">备注</td><td colspan="3"></td></tr>
<tr><td colspan="2">审核人意见</td><td colspan="3">签名：
日期：　　年　月　日</td></tr>
<tr><td colspan="2">批准人意见</td><td colspan="3">签名：
日期：　　年　月　日</td></tr>
</table>

5.2.12 第三方服务变更申请表

大都商行

第三方服务变更申请表

记录表式号：　　　　　　　　　　　　　　　　　　　　记录顺序号：

申请人		申请日期	
负责部门			
变更原因			
变更过程			
涉及部门及人员			
备注			
审核人意见	签名： 日期：　　年　月　日		
批准人意见	签名： 日期：　　年　月　日		

5.2.13 公共可用信息发布申请单

D 大都商行

公共可用信息发布申请单

记录表式号： 记录顺序号：

申请人		所属部门	
申请日期		发布日期	
发布/更改原因			
发布/更改内容			
备注			
审核人意见	签名： 日期： 年 月 日		
批准人意见	签名： 日期： 年 月 日		

5.2.14 日志审计分析记录单

大都商行

日志审计分析记录单

记录表式号： 记录顺序号：

<table>
<tr><td>审计分析人</td><td></td><td>所属部门</td><td></td></tr>
<tr><td>时间</td><td colspan="3"></td></tr>
<tr><td>审计分析设备
及系统列表</td><td colspan="3"></td></tr>
<tr><td>日志审计分析
综述</td><td colspan="3"></td></tr>
<tr><td>日志审计分析
详细描述</td><td colspan="3">审计和分析的内容包括授权访问、特权操作、试图的非授权的访问、系统故障与异常等情况</td></tr>
<tr><td>备注</td><td colspan="3"></td></tr>
<tr><td>分析人签字</td><td colspan="3">签名：
日期： 年 月 日</td></tr>
<tr><td>负责人
确认签字</td><td colspan="3">签名：
日期： 年 月 日</td></tr>
</table>

大都商业银行 版权所有 内部

5.2.15 公共可用信息检查表

D 大都商行

公共可用信息检查表

记录表式号：　　　　　　　　　　　　　　　　　记录顺序号：

检查人		所属部门	
检查日期			
检查内容			
问题描述			
解决情况			
备注			
审核人意见	签名： 日期：　　年　月　日		
批准人意见	签名： 日期：　　年　月　日		

大都商业银行　版权所有　内部

5.2.16 员工离职申请表

D 大都商行

员工离职申请表

记录表式号： 记录顺序号：

<table>
<tr><td>姓名</td><td></td><td>所属部门</td><td></td><td>职务</td><td></td></tr>
<tr><td>合同到期日期</td><td></td><td>拟离职日期</td><td></td><td>人员类别</td><td>□正式
□第三方
□实习生</td></tr>
<tr><td>离职类别</td><td colspan="5">□试用期不符合录用条件 □合同到期 □违纪开除
□个人辞职 □单位裁员 □不能胜任工作
□其他原因</td></tr>
<tr><td>离职原因简述</td><td colspan="5"></td></tr>
<tr><td>资产接收</td><td>工作移交
数据文件
办公用品
U盘
钥匙
工卡
其他资产</td><td>接收人</td><td></td><td>备注</td><td></td></tr>
<tr><td>权限取消</td><td>OA账号
邮箱账号
其他账号</td><td>核实人</td><td></td><td>备注</td><td></td></tr>
<tr><td>本部门
负责人意见</td><td colspan="5">签名：
日期： 年 月 日</td></tr>
<tr><td>人力资源及
培训部审核人
意见</td><td colspan="5">签名：
日期： 年 月 日</td></tr>
<tr><td>备注</td><td colspan="5"></td></tr>
</table>

5.2.17 员工转岗申请表

大都商行

员工转岗申请表

记录表式号：　　　　　　　　　　　　　　　　　　　　记录顺序号：

姓名		原部门		职务	
拟转岗日期		新部门		职务	
转岗原因简述					
资产接收	工作移交 数据文件 办公用品 U盘 钥匙 其他资产	接收人		备注	
权限取消/变更		核实人		备注	
原部门负责人意见	签名： 日期：　年　月　日				
新部门负责人意见					
人力资源及培训部审核人意见	签名： 日期：　年　月　日				
备注					

5.3 典型记录式样（二）

5.3.1 测试数据记录单

D 大都商行

测试数据记录单

记录表式号：　　　　　　　　　　　　　　　　　　　　记录顺序号：

测试人		测试日期	
测试系统		主机	
存放位置		数据密级	
开始使用时间		结束使用时间	
销毁时间		销毁方法	
备注			
审核人意见	签名：　　　　　　日期：　　年　月　日		
批准人意见	签名：　　　　　　日期：　　年　月　日		

大都商业银行　版权所有　内部

5.3.2 机房出入授权申请单

D 大都商行

机房出入授权申请单

记录表式号：　　　　　　　　　　　　　　　　　　　　　　　　记录顺序号：

<table>
<tr><td>申请人</td><td colspan="2"></td><td>申请日期</td><td></td></tr>
<tr><td rowspan="4">被授权人信息</td><td colspan="4">□正式员工</td></tr>
<tr><td rowspan="3">□实习生　□第三方人员
□其他________</td><td colspan="2">姓名</td><td></td></tr>
<tr><td colspan="2">联系方式</td><td></td></tr>
<tr><td colspan="2">工作单位</td><td></td></tr>
<tr><td>申请期间</td><td colspan="4">自________开始至________结束</td></tr>
<tr><td>申请原因</td><td colspan="4"></td></tr>
<tr><td>备注</td><td colspan="4"></td></tr>
<tr><td>审核人意见</td><td colspan="4">签名：　　　　　　　　日期：　　年　月　日</td></tr>
<tr><td>批准人意见</td><td colspan="4">签名：　　　　　　　　日期：　　年　月　日</td></tr>
</table>

5.4 典型记录式样（三）

5.4.1 设备使用申请表

D 大都商行

设备使用申请表

记录表式号：　　　　　　　　　　　　　　　　　　记录顺序号：

申请人			申请日期			
所属部门						
资产信息	名称	型号	数量	单价（元）	金额（元）	希望使用日期
采购/调配理由						
备注						
审核人意见	签名：			日期：　年　月　日		
批准人意见	签名：			日期：　年　月　日		
检验结果	签名：			日期：　年　月　日		

大都商业银行　版权所有　内部

5.4.2 服务器与网络设备检查记录单

D大都商行

服务器与网络设备检查记录单

记录表式号：　　　　　　　　　　　　　　　　　　　　　　记录顺序号：

检查日期		设备编号	
检查人		所属部门	
确认人		设备管理员	
所属项目		设备用途	
放置地点			

类别	检查项	情况描述	结果确认项
职责	设备管理员的职责情况		
服务器的登录及权限设置	服务器登录密码设置及更新情况		
	可登录服务器人员情况（项目中可登录服务器的人员一览）		
	服务器的权限设置情况		
	服务器中共享目录的设置情况（文件夹的共享设置）		
服务器配置、外设及接口	服务器的网卡设置及 IP 情况		
	服务器的外接设备情况（光驱或软驱的共享设置情况）		
	服务器的外接接口情况（USB 接口的封闭状况）		
服务器防病毒设置	服务器所安装防病毒软件情况		
	防病毒软件更新情况		
	服务器所安装病毒过滤软件情况		
	病毒过滤软件更新情况		
设备日志情况	应用程序日志情况		
	系统日志情况		
	服务器安全日志情况		
服务器运行情况	CPU 性能		
	内存性能		
	硬盘剩余存储空间		
服务器操作设置	服务器的时间设置		
	服务器屏保设置情况		
服务器软件安装情况	服务器安装的软件信息，包括名称、来源、版本、许可证信息等		
	服务器上的软件工具种类		
其他	服务器的信息备份情况		
	服务器的补丁更新情况		
	服务器的封条粘贴情况		

5.4.3 软件使用状况登记表

D大都商行

软件使用状况登记表

记录表式号：　　　　　　　　　　　　　　　　　　　　　　　　记录顺序号：

No.	软件编号	软件名称（版本）	软件类型	功能	许可数	许可KEY	使用情况			
							使用人	所属部门	PC编号	使用期间
1										
2										

5.4.4 数据备份登记表

D) 大都商行

数据备份登记表

记录表式号：　　　　　　　　　　　　　　　　　　　记录顺序号：

No.	备份日期	备份人员	所属部门	备份方式	备份来源（路径）	备份内容	存储介质（编号）	存储路径	备注
1									
2									
3									
4									
5									
6									
7									
8									
9									
10									
11									
12									
13									
14									
15									

5.4.5 培训登记表

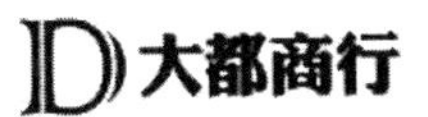

培训登记表

记录表式号：　　　　　　　　　　　　　　　　记录顺序号：

No.	姓名	所属部门	培训教师	培训内容	培训地点	培训日期	培训学时	考核时间	是否合格
1									
2									
3									
4									
5									
6									
7									
8									
9									
10									
11									
12									

5.4.6 IT设备带出登记表

D）大都商行

IT设备带出登记表

记录表式号：　　　　　　　　　　　　　　　　　　　　记录顺序号：

No.	设备类型	编号	名称	带出日期	带出人	所属部门	存储内容	密级	带出原因	目的地	确认人	带回日期	备注
1													
2													
3													
4													
5													
6													
7													
8													
9													
10													
11													
12													
13													
14													
15													

5.4.7 IT设备借用登记表

大都商行

IT设备借用登记表

记录表式号：　　　　　　　　　　　　　　　　　　　　　　记录顺序号：

No.	设备类型	编号	名称	借用日期	归还日期	借用人	所属部门	借用目的	存储信息	备注
1										
2										
3										
4										
5										
6										
7										
8										
9										
10										
11										
12										
13										
14										

大都商业银行　版权所有　内部

5.4.8 IT设备领用登记表

D)大都商行

IT设备领用登记表

记录表式号：　　　　　　　　　　　　　　　　　　　　　　　　记录顺序号：

No.	领用日期	领用人	设备类型	编号	名称	用途或原因	备注
1							
2							
3							
4							
5							
6							
7							
8							
9							
10							
11							
12							
13							
14							

5.4.9 IT设备作废登记表

大都商行

IT设备作废登记表

记录表式号：　　　　　　　　　　　　　　　　　　　　记录顺序号：

No.	设备类型	编号	名称	作废原因	存储信息	申请人	所属部门	批准人	作废日期	备注
1										
2										
3										
4										
5										
6										
7										
8										
9										
10										
11										
12										
13										
14										
15										

5.4.10 访客登记表

D 大都商行

访客登记表

记录表式号：　　　　　　　　　　　　　　　　记录顺序号：

No.	进入时间	姓名	单位	人数	事由	联系方式	离开时间	接待人	是否携带PC	备注
1										
2										
3										
4										
5										
6										
7										
8										
9										
10										
11										
12										

5.4.11 介质存放登记表

D 大都商行

介质存放登记表

记录表式号：　　　　　　　　　　　　　　　　　　　　　　　　　　　记录顺序号：

No.	介质编号	类型	存储内容	存放位置	保管人	所属部门	保管期间	验证人	备注
1									
2									
3									
4									
5									
6									
7									
8									
9									
10									
11									
12									

5.4.12 机房出入登记表

D)大都商行

机房出入登记表

记录表式号：　　　　　　　　　　　　　　　　　　　　　　　　记录顺序号：

No.	进入日期	进入时间	姓名	事由	离开时间	陪同人员	备注
1							
2							
3							
4							
5							
6							
7							
8							
9							
10							
11							
12							

5.4.13 机房巡检记录表

D 大都商行

机房巡检记录表

记录表式号：　　　　　　　　　　　　　　　　　　　　　　记录顺序号：

No.	日期	巡检时间	检查人	网络设备状态	服务器状态	备注
1						
2						
3						
4						
5						
6						
7						
8						
9						
10						
11						
12						

5.4.14 重要知识产权登记表

D 大都商行

重要知识产权登记表

记录表式号： 记录顺序号：

No.	资产名称	检查时间	是否授权	知识产权归属	许可数	使用批准	备注
1							
2							
3							
4							
5							
6							
7							
8							
9							
10							
11							
12							

5.5　典型记录式样（四）

5.5.1　保密性协议评审计划

D大都商行

保密性协议评审计划

编号：	
密级：内部	
编制：×××	年　月　日
审核：×××	年　月　日

大都商业银行

×××年×××月

1. 背景说明
2. 目的
3. 目标
4. 会议的输入资料
5. 会议时间及地点
6. 参加会议的角色和任务
   a） 参加人员：
   b） 会议主持人：
   c） 议事录担当：
7. 会议前准备
8. 会议议程

5.5.2 年度培训计划

大都商行

年度培训计划

编号：			
密级：内部			
编制：×××	年	月	日
审核：×××	年	月	日

大都商业银行

×××年×××月

1. 背景说明
2. 目的
3. 各部门培训申请统计
4. 年度培训计划表

附录　截至2023年ISO/IEC 27000标准族的进展[106]

[1] ISO/IEC 27000 信息安全管理体系　概述与词汇

现行版本为 ISO/IEC 27000：2018，第 5 版。在 2023 年该标准无变化。

对应的现行国家标准为 GB/T 29246—2017/ISO/IEC 27000：2016，其中 ISO/IEC 27000：2016 为第 4 版。

[2] ISO/IEC 27001 信息安全管理体系　要求

现行版本为 2022 年发布的第 3 版，目前尚无采标版本。

对应的现行国家标准版本为：ISO/IEC 27001：2013 被等同采用为 GB/T 22080—2016。

[3] ISO/IEC 27002 信息安全控制实践指南

现行版本为 2022 年发布的第 3 版，目前尚无采标版本。

对应的现行国家标准版本为：ISO/IEC 27002：2013 被等同采用为 GB/T 22081—2016。

[4] ISO/IEC 27003 信息安全管理体系　指南

现行版本依然为 2017 年 3 月发布的第 2 版。在 2023 年该标准无变化。

对应的现行国家标准版本为：GB/T 31496—2023/ISO/IEC 27003：2017。

[5] ISO/IEC 27004 信息安全管理　监视、测量、分析和评价

现行版本为 2016 年 12 月发布的第 2 版。在 2023 年该标准无变化。

对应的现行国家标准版本为：GB/T 31497—2015/ISO/IEC 27004：2009。

[6] ISO/IEC 27005 信息安全风险管理

现行版本为 2022 年 10 月发布的第 4 版，目前尚无采标版本。

对应的现行国家标准版本为：GB/T 31722—2015/ISO/IEC 27005：2008。

[7] ISO/IEC 27006 信息安全管理体系审核和认证机构要求

现行版本为 2015 版，第 3 版，之后发布有 ISO/IEC 27006：2015/Amd 1：2020。

对应的现行国家标准为 GB/T 25067—2020，等同采用 ISO/IEC 27006：2015。

目前新发布 ISO/IEC TS 27006－2：2021 信息安全管理体系审核和认证机构要求　第 2 部分：隐私信息管理体系。该部分尚未采标。

---

[106] 文中所列标准及其状态，主要依据 http：//www. iso. org，最后检索时间为 2023 年 8 月 21 日；附录中的文件名均省略了引导元素。

[8] ISO/IEC 27007 信息安全管理体系审核指南

现行版本为 2020 年 1 月发布的第 3 版。在 2023 年该标准无变化。

对应的国家标准为 GB/T 28450—2020，等同采用 ISO/IEC 27007：2017。

[9] ISO/IEC TS 27008 信息安全控制评估指南

现行版本为 2019 年 1 月发布的第 1 版。该标准在 2023 年无变化。

[10] ISO/IEC 27009 特定行业应用 ISO/IEC 27001 要求

现行版本为 2020 年 4 月发布的第 2 版，之前版本为 2016 版。该标准在 2023 年无变化。

[11] ISO/IEC 27010 行业间和组织间通信的信息安全管理

现行版本为 2015 年发布的第 2 版。在 2023 年无变化。

对应的现行国家标准为 GB/T 32920—2023/ISO/IEC 27010：2015。

[12] ISO/IEC 27011 基于 ISO/IEC 27002 的电信组织信息安全控制实用规则

现行版本为 2016 版，第 2 版，之前有 2008 版。发布有 ISO/IEC 27011：2016/Cor 1：2018。

[13] ISO/IEC 27013 信息安全管理体系与服务管理整合

现行版本为 2021 年 11 月发布的第 3 版。之前发布有 2016 年的第 2 版。

[14] ISO/IEC 27014 信息安全治理

现行版本为 2020 年 12 月发布的第 2 版。之前发布有 2013 年的第 1 版。

对应的现行国家标准为 GB/T 32923—2016/ISO/IEC 27014：2013。

[15] ISO/IEC TR 27016 信息安全管理　组织经济学

现行版本为 2014 发布的第 1 版。在 2023 年无变化。

[16] ISO/IEC 27017 基于 ISO/IEC 27002 的云服务信息安全控制实用规则

现行版本为 2015 年发布的第 1 版。在 2023 年无变化。

[17] ISO/IEC 27018 公有云中作为个人身份信息处理者保护个人身份信息的实用规则

现行版本为 2019 年 1 月发布的第 2 版。在 2023 年无变化。

[18] ISO/IEC 27019 能源公共事业行业的信息安全控制

现行版本为 2017 年 10 月发布的第 1 版，之前被发布为 ISO/IEC TR 27019：2013。

[19] ISO/IEC 27021 信息安全管理体系专业人员能力要求

现行版本为 2017 年 10 月发布的第 1 版，在 2021 年度发布有 ISO/IEC 27021：2017/AMD1：2021。

[20] ISO/IEC TS 27022 信息技术　信息安全管理体系过程指南

现行版本为 2021 年 3 月发布的第 1 版。在 2023 年无变化。

[21] ISO/IEC TR 27023 ISO/IEC 27001 与 ISO/IEC 27002 版本映射

现行版本是发布于 2015 年 7 月的第 1 版。在 2023 年无变化。

[22] ISO/IEC 27031 ICT 业务连续性指南

现行版本发布于 2011 年的第 1 版。在 2023 年无变化。

［23］ISO/IEC 27032 网络空间安全

现行版本发布于 2023 年 6 月的第 2 版。

［24］ISO/IEC 27033 网络安全

由于 ISO/IEC 27033 之前为较为成熟的 ISO/IEC 18028 系列，在近两年，其中的 6 个部分，均没有大的变化，说明该标准开发也比较成熟了。

［25］ISO/IEC 27034 应用安全

ISO/IEC 27034 有 7 部分，其中：ISO/IEC 27034－1、ISO/IEC 27034－2 和 ISO/IEC 27034－3 均无变化；ISO/IEC 27034－5、ISO/IEC 27034－6 和 ISO/IEC 27034－7 均无变化；ISO/IEC TS 27034－5－1 在 2023 年也无变化。

［26］ISO/IEC 27035 信息安全事件管理

ISO/IEC 27035 的前 2 部分，现行版本都为 2023 年发布。第 3 部分，现行版本为 2020 年发布。

［27］ISO/IEC 27036 供应商关系中的信息安全

ISO/IEC 27036 一共有 4 部分，其中：ISO/IEC 27036－1 现行版本 2021 年 9 月发布的第 2 版；ISO/IEC 27036－2 现行版本 2022 年 6 月发布的第 2 版；ISO/IEC 27036－3 现行版本 2023 年 6 月发布的第 2 版；ISO/IEC 27036－4 现行版本 2016 年 10 月发布的第 1 版。

［28］ISO/IEC 27037 数字证据识别、收集、获取与保护指南

ISO/IEC 27037 现行版本为 2012 发布。在 2023 年无变化。

［29］ISO/IEC 27038 数字编校指南

ISO/IEC 27038 现行版本为 2014 发布。在 2023 年无变化。

［30］ISO/IEC 27039 入侵检测系统的选择、部署和操作

现行版本为 2015 版。在 2023 年无变化。

［31］ISO/IEC 27040 存储安全

现行版本为 2015 版。在 2023 年无变化。

［32］ISO/IEC 27041 事件调查方法的适宜性与充分性保证指南

现行版本为 2015 版。在 2023 年无变化。

［33］ISO/IEC 27042 数字证据分析与解释指南

现行版本为 2015 版。在 2023 年无变化。

［34］ISO/IEC 27043 事件调查原则与过程

现行版本为 2015 版。在 2023 年无变化。

［35］ISO/IEC 27050 电子数据取证

ISO/IEC 27050 分为 4 部分，其中：

- 现行版本为 ISO/IEC 27050－1：2019，第 2 版，无变化，之前为 2016 年版本。
- 现行版本为 ISO/IEC 27050－2：2018，无变化；
- 现行版本为 ISO/IEC 27050－3：2020，第 2 版，无变化，之前为 2017 年版本。
- 2021 年 4 月发布 ISO/IEC 27050－4：2021 技术准备。

［36］ISO/IEC 27070 建立虚拟信任根要求
现行版本是发布于 2021 年 12 月的第 1 版。在 2023 年无变化。
［37］ISO/IEC TS 27100 信息技术　网络安全　概述与词汇
现行版本是发布于 2020 年 12 月的第 1 版。在 2023 年无变化。
［38］ISO/IEC 27102 信息安全管理　网络保险指南
现行版本是发布于 2019 年 8 月的第 1 版。在 2023 年无变化。
［39］ISO/IEC TR 27103 网络安全与 ISO 及 IEC 标准
现行版本是在 2018 年 2 月发布第 1 版。在 2023 年无变化。
［40］ISO/IEC TS 27110 信息技术、网络安全和隐私保护　网络安全框架开发指南
现行版本是发布于 2021 年 2 月的第 1 版。在 2023 年无变化。
［41］ISO/IEC 27550 系统生命周期过程的隐私工程
现行版本是发布于 2019 年 9 月，第 1 版，隐私类标准。在 2023 年无变化。
［42］ISO/IEC 27551 信息技术、网络安全和隐私保护　基于属性的不可链接实体鉴别要求
现行版本是发布于 2021 年 9 月的第 1 版。在 2023 年无变化。
［43］ISO/IEC 27555 信息技术、网络安全和隐私保护　个人可识别信息（PII）删除指南
现行版本是发布于 2021 年 10 月的第 1 版。在 2023 年无变化。
［44］ISO/IEC TS 27570 隐私保护　智慧城市隐私指南
现行版本是发布于 2021 年 1 月的第 1 版。在 2023 年无变化。
［45］ISO/IEC 27701：2019 ISO/IEC 27001 与 ISO/IEC 27002 在隐私信息管理的扩展　要求与指南
现行版本是发布于 2019 年 8 月的第 1 版。在 2023 年无变化。
［46］ISO 27799 应用 ISO/IEC 27002 的健康信息安全管理
ISO 27799 最新版为 2016 年发布的第 2 版，之前版本为 2008 版，在 2023 年无变化。
综上所述，2023 年 ISO/IEC 27000 标准族，有效的标准及其版本如附表 1 所示。

附表 1　2023 年 ISO/IEC 27000 标准族中有效标准及其版本

标准号	标准名称	最新版本［版本号］/发布时间	主要版本［版本号］/发布时间
ISO/IEC 27000	信息安全管理体系　概述与词汇	［5］/2018	［1］/2009；［2］/2012；［3］/2014；［4］/2016
ISO/IEC 27001	信息安全管理体系　要求	［3］/2022	［1］/2005；［2］/2013
ISO/IEC 27002	信息安全控制实践指南	［3］/2022	［1］/2005；［2］/2013
ISO/IEC 27003	信息安全管理体系　指南	［2］/2017	［1］/2010
ISO/IEC 27004	信息安全管理监视、测量、分析和评价	［2］/2016	［1］/2011
ISO/IEC 27005	信息安全风险管理	［4］/2022	［1］/2008；［2］/2011；［3］/2018
ISO/IEC 27006	信息安全管理体系　审核和认证机构要求	［3］/2015	［1］/2007；［2］/2011
ISO/IEC TS 27006 - 2	第 2 部分：隐私信息管理体系	［1］/2021	
ISO/IEC 27007	信息安全管理体系　审核指南	［3］/2020	［1］/2011；［2］/2017
ISO/IEC TR 27008	信息安全控制审核指南		［1］/2011
ISO/IEC TS 27008	信息安全控制评估指南	［1］/2019	
ISO/IEC 27009	特定行业应用 ISO/IEC 27001 要求	［2］/2020	［1］/2016
ISO/IEC 27010	行业间和组织间通信的信息安全管理	［2］/2015	［1］/2012
ISO/IEC 27011	基于 ISO/IEC 27002 的电信组织信息安全控制实用规则	［2］/2016	［1］/2008
ISO/IEC 27013	信息安全管理体系与服务管理整合	［3］/2021	［1］/2012；［2］/2015
ISO/IEC 27014	信息安全治理	［2］/2020	［1］/2013
ISO/IEC TR 27016	信息安全管理　组织经济学	［1］/2014	
ISO/IEC 27017	云服务信息安全控制实用规则	［1］/2015	
ISO/IEC 27018	公有云中个人身份信息保护实用规则	［2］/2019	［1］/2014
ISO/IEC TR 27019	能源公共事业行业信息安全管理指南		［1］/2013
ISO/IEC 27019	能源公共事业行业信息安全管理指南	［1］/2017	
ISO/IEC 27021	信息安全管理体系专业人员能力要求	［1］/2017	
ISO/IEC TS 27022	信息安全管理体系过程指南	［1］/2021	
ISO/IEC TR 27023	27001 与 27002 版本映射	［1］/2015	
ISO/IEC 27031	ICT 业务连续性指南	［1］/2011	
ISO/IEC 27032	网络空间安全	［2］/2023	［1］/2012
ISO/IEC 27033	网络安全（含 7 部分）		
ISO/IEC 27033 - 1	框架与概念	［1］/2015	
ISO/IEC 27033 - 2	网络安全的设计与实现指南	［1］/2012	
ISO/IEC 27033 - 3	参考网络方案　威胁，设计技术和控制问题	［1］/2010	
ISO/IEC 27033 - 4	使用安全网关保护网络之间的通信	［1］/2014	
ISO/IEC 27033 - 5	使用虚拟专用网的跨网通信安全保护	［1］/2013	
ISO/IEC 27033 - 6	无线 IP 网络访问保护	［1］/2016	
ISO/IEC 27034	应用安全（含 7 部分，目前缺第 4 部分）		
ISO/IEC 27034 - 1	综述与概念	［1］/2011	
ISO/IEC 27034 - 2	组织规范性框架	［1］/2015	
ISO/IEC 27034 - 3	应用安全管理过程	［1］/2018	

（续）

标准号	标准名称	最新版本［版本号］/发布时间	主要版本［版本号］/发布时间
ISO/IEC 27034－5	协议与应用安全控制数据结构	［1］/2017	
ISO/IEC TS 27034－5－1	协议与应用安全控制数据结构，XML 模式	［1］/2018	
ISO/IEC 27034－6	案例研究	［1］/2016	
ISO/IEC 27034－7	应用安全保障预测框架	［1］/2018	
ISO/IEC 27035	信息安全事件管理（含 4 部分）		
ISO/IEC 27035－1	事件管理原则	［2］/2023	［1］/2016
ISO/IEC 27035－2	事件响应规划与准备指南	［2］/2023	［1］/2016
ISO/IEC 27035－3	ICT 事件响应操作指南	［1］/2020	
ISO/IEC 27036	供应商关系中的信息安全（含 4 部分）		
ISO/IEC 27036－1	综述和概念	［2］/2021	［1］/2014
ISO/IEC 27036－2	要求	［2］/2022	［1］/2014
ISO/IEC 27036－3	ICT 供应链安全指南	［2］/2023	［1］/2013
ISO/IEC 27036－4	云服务安全指南	［1］/2016	
ISO/IEC 27037	数字证据识别、收集、获取与保护指南	［1］/2012	
ISO/IEC 27038	数字编校指南	［1］/2014	
ISO/IEC 27039	入侵检测系统的选择、部署和操作	［1］/2015	
ISO/IEC 27040	存储安全	［1］/2015	
ISO/IEC 27041	事件调查方法适宜性充分性指南	［1］/2015	
ISO/IEC 27042	数字证据分析与解释指南	［1］/2015	
ISO/IEC 27043	事件调查原则与过程	［1］/2015	
ISO/IEC 27050	电子数据取证（含 4 部分）		
ISO/IEC 27050－1	电子数据取证　综述和概念	［2］/2019	［1］/2016
ISO/IEC 27050－2	电子数据取证　治理与管理指南	［1］/2018	
ISO/IEC 27050－3	电子数据取证　实用规则	［2］/2020	［1］/2017
ISO/IEC 27050－4	电子数据取证技术准备	［1］/2021	
ISO/IEC 27070	建立虚拟信任根要求	［1］/2021	
ISO/IEC TS 27100	网络安全　概述与词汇	［1］/2020	
ISO/IEC TS 27110	信息技术、网络安全和隐私保护　网络安全框架开发指南	［1］/2021	
ISO/IEC 27102	信息安全管理　网络保险指南	［1］/2019	
ISO/IEC TR 27103	网络安全与 ISO 及 IEC 标准	［1］/2018	
ISO/IEC TR 27550	系统生命周期过程的隐私工程	［1］/2019	
ISO/IEC 27551	基于属性的不可链接实体鉴别要求	［1］/2021	
ISO/IEC 27555	PII 删除指南	［1］/2021	
ISO/IEC TS 27570	智慧城市隐私指南	［1］/2021	
ISO/IEC 27701	ISO/IEC 27001 与 ISO/IEC 27002 在隐私信息管理的扩展　要求与指南	［1］/2019	
ISO 27799	应用 ISO/IEC 27002 的健康信息安全管理	［2］/2016	［1］/2008

参考文献

[1] 谢宗晓 . 信息安全管理体系　实施指南 . 2 版 . [M]. 北京：中国标准出版社，2017.
[2] 谢宗晓 . 信息安全管理体系　实施案例 . 2 版 . [M]. 北京：中国标准出版社，2017.
[3] 谢宗晓，甄杰，林润辉，等 . 网络空间安全管理 [M]. 北京：中国标准出版社，2017.
[4] 赵战生，谢宗晓 . 信息安全风险评估 . 2 版 [M]. 北京：中国标准出版社，2016.
[5] 林润辉，李大辉，谢宗晓，等 . 信息安全管理　理论与实践 [M]. 北京：中国标准出版社，2015.
[6] 谢宗晓 . 政府部门信息安全管理　基本要求理解与实施 [M]. 北京：中国标准出版社，2014.
[7] 谢宗晓，甄杰，董坤祥，等 . ISO/IEC 27701：2019 隐私信息管理体系（PIMS）应用手册 [M]. 北京：中国标准出版社，2020.